黄河流域水量分配方案优化及综合调度关键技术丛书

黄河中游典型区生态需水
与缺水风险分析

李春晖　赵　芬　易雨君　著

科学出版社
北京

内 容 简 介

本书以景观生态学、生态水文学等为理论基础，揭示陆面植被生态需水变化的多要素耦合驱动机制，构建一套耦合鱼类生境模拟和天然水文情势特征值的生态需水核算技术体系，对明确水文-生态机制的生态过程进行需水核算，基于生态系统服务视角，提出一套量化湿地缺水生态风险评估方法，剖析不同缺水情景下的湿地生态风险，为黄河水量减少造成的竞争性用水背景下的水资源优化配置提供理论支撑，对实现水资源的合理配置、协同管理及可持续利用具有重要意义。

本书可作为生态水文和流域生态科研人员，以及大专院校水文学、环境学和生态学的教师和学生的参考用书。

图书在版编目（CIP）数据

黄河中游典型区生态需水与缺水风险分析/李春晖，赵芬，易雨君著. —北京：科学出版社，2023.2
（黄河流域水量分配方案优化及综合调度关键技术丛书）
ISBN 978-7-03-073618-5

Ⅰ. ①黄… Ⅱ. ①李… ②赵… ③易… Ⅲ. ①黄河流域-生态环境-水资源管理 Ⅳ. ①TV213.4

中国版本图书馆CIP数据核字（2022）第199253号

责任编辑：杨帅英 程雷星 / 责任校对：杨 然
责任印制：吴兆东 / 封面设计：图阅社

科 学 出 版 社 出版
北京东黄城根北街16号
邮政编码：100717
http://www.sciencep.com

北京中科印刷有限公司 印刷
科学出版社发行 各地新华书店经销
*
2023年2月第 一 版 开本：787×1092 1/16
2023年2月第一次印刷 印张：9 3/4
字数：237 000
定价：110.00元
（如有印装质量问题，我社负责调换）

"黄河流域水量分配方案优化及综合调度关键技术丛书"编委会

总　序

　　黄河是中华民族的母亲河，也是世界上最难治理的河流之一，水少沙多、水沙关系不协调是其复杂难治的症结所在。新时期黄河水沙关系发生了重大变化，"水少"的矛盾越来越突出。2019 年 9 月 18 日，习近平总书记在郑州主持召开黄河流域生态保护和高质量发展座谈会上强调黄河流域生态保护和高质量发展是重大国家战略，明确指出水资源短缺是黄河流域最为突出的矛盾，要求优化水资源配置格局、提升配置效率，推进黄河水资源节约集约利用。1987 年国务院颁布的《黄河可供水量分配方案》（"八七"分水方案）是黄河水资源管理的重要依据，对黄河流域水资源合理利用及节约用水起到了积极的推动作用，尤其是 1999 年黄河水量统一调度以来，实现了黄河干流连续 23 年不断流，支撑了沿黄地区经济社会可持续发展。但是，由于流域水资源情势发生了重大变化：水资源量持续减少、时空分布变异，用水特征和结构变化显著，未来将面临经济发展和水资源短缺的严峻挑战。随着流域水资源供需矛盾激化，如何开展黄河水量分配再优化与多目标统筹精细调度是当前面临的科学问题和实践难题。

　　为破解上述难题，提升黄河流域水资源管理与调度对环境变化的适应性，2017 年，国家"十三五"重点研发计划设立"黄河流域水量分配方案优化及综合调度关键技术"项目。以黄河勘测规划设计研究院有限公司王煜为首席科学家的研究团队，面向黄河流域生态保护和高质量发展重大国家战略需求，紧扣变化环境下流域水资源演变与科学调控的重大难题，瞄准"变化环境下流域水资源供需演变驱动机制""缺水流域水资源动态均衡配置理论""复杂梯级水库群水沙电生态耦合机制与协同控制原理"三大科学问题，经过 4 年多的科技攻关，项目取得了多项理论创新和技术突破，创新了统筹效率与公平的缺水流域水资源动态均衡调控理论方法，创建了复杂梯级水库群水沙电生态多维协同调度原理与技术，发展了缺水流域水资源动态均衡配置与协同调度理论和技术体系，显著提升了缺水流域水资源安全保障的科技支撑能力。

　　项目针对黄河流域水资源特征问题，注重理论和技术的实用性，强化研究对实践的支撑，研究期间项目的主要成果已在黄河流域及邻近缺水地区水资源调度管理实践中得到检验，形成了缺水流域水量分配-评价和考核的基础，为深入推进黄河流域生态保护和高质量发展重大国家战略提供了重要的科技支撑。项目统筹当地水、外调水、非常规水等多种水源以及生活、生产、生态用水需求，提出的生态优先、效率公平兼顾的配置理念，制订的流域 2030 年前解决缺水的路线图，为科学配置全流域水资源编制《黄河流域生态保护和高质量发展规划纲要》提供了重要理论支撑。研究提出的黄河"八七"分水方案分阶段调整策略，细化提出的干支流水量分配方案等成果纳入《黄河流域生态保护和高质量发展水安全保障规划》等战略规划，形成了黄河流域水资源配置格局再优化的重要基础。项目研发的黄河水沙电生态多维协调调度系统平台，为黄河水资源管理和调度提供了新一代智能化工具，依托黄河水利委员会黄河水量总调度中心，建成了黄河流域水资源配置与调度示范基地，提升了黄河流域分水方案优化配置和梯级水库群协同调度能力。

项目探索出了一套集广义水资源评价—水资源动态均衡配置—水库群协同调度的全套水资源安全保障技术体系和管理模式，完善了缺水流域水资源科学调控的基础认知与理论方法体系，破解了强约束下流域水资源供需均衡调控与多目标精细化调度的重大难题。"黄河流域水量分配方案优化及综合调度关键技术丛书"是在项目研究成果的基础上，进一步集成、凝练形成的，是一套涵盖机制揭示、理论创新、技术研发和示范应用的学术著作。相信该丛书的出版，将为缺水流域水资源配置和调度提供新的理论、技术和方法，推动水资源及其相关学科的发展进步，支撑黄河流域生态保护和高质量发展重大国家战略的深入推进。

中国工程院院士 王浩

2022 年 4 月

前　　言

　　生态系统中的非生命物质和生命物质提供给人类的服务功能不可或缺，贯穿地球各个圈层的水循环导致生物地球化学等过程发生变化，使生态系统发生动态演变。水在生态系统维护与退化治理中起着重要作用，维持良性水循环是生态环境可持续的关键。但目前，国内各流域水资源开发利用均已超过了极限开发值的40%，超承载力的水资源利用造成了河道缺水干涸、物种减少和生态环境恶化等问题。近年来，由于气候变化和人类活动的影响，黄河径流量不断减少，引起流域竞争性用水，随着水资源需求的日益增大，大量的生态需水被其他用水类型挤占，水生生态系统及其水文情势遭受到了不同程度的扰动，使得缺水及其造成的生态环境问题进一步突出。

　　随着水生生态系统的生态退化和人们对生态系统完整性认识的深化，政府及社会各界逐步认识到水资源的开发与保护应当并重。国家颁布了一系列水资源管理政策文件，并指出要将生态流量作为取用水总量控制的重要指标。由于特殊的地理位置和自然环境，黄河中游流域不同用水类型间的矛盾较其他流域更为突出，生态环境用水被工业和农业用水挤占，难以得到保障，使得黄河中游水生态环境健康受损，从而制约着黄河流域生态系统的健康发展。因此，在黄河流域生态保护和高质量发展的背景下，开展黄河中游生态需水核算及缺水风险评估对于破解各类用水之间的矛盾，实现水资源的合理配置、协同管理及可持续利用具有重要意义。

　　本书重点围绕黄河中游典型区生态需水核算和整合以及中游干流沿黄湿地生态缺水风险，系统介绍了生态需水的理论与研究方法，厘清了黄河中游典型区水文气象动态演变特征，揭示了陆面植被生态需水变化的多要素耦合驱动机制，构建了一套耦合鱼类生境模拟和天然水文情势特征值的生态需水核算技术体系，核算得到具有明确水文-生态机制的生态需水过程，基于生态系统服务视角，提出了一套量化湿地缺水生态风险评估方法，剖析了不同缺水情景下的湿地生态风险，为黄河水量减少造成的竞争性用水背景下的水资源优化配置提供了理论支撑，对实现水资源的合理配置、协同管理及可持续利用具有重要意义。

　　本书的研究得到了国家重点研发计划课题"河湖沼系统生态需水整体核算及调控技术"（2017YFC0404505）、"变化环境下黄河流域水资源动态评价与需水演变"（2017YFC0404401）和北京师范大学水沙科学教育部重点实验室开放基金（SS202102）的资助。

　　本书主要由李春晖、赵芬执笔编写，易雨君审核。本书编写过程中得到了北京师范大学环境学院的王烜教授和刘强副教授、广东工业大学蔡宴朋教授的指导和大力支持，北京师范大学王超博士、山东师范大学刘伟博士、黄河水利勘测设计公司的尚文绣博士和郑小康所长的鼎力支持和热心帮助，在此一并表示衷心的感谢！

由于作者水平有限，书中难免存在一些疏漏之处，敬请读者提出宝贵意见和建议。

作　者

2022 年 6 月

目　　录

第1章 绪 论

1.1 研究背景与意义

生态需水（ecological water requirements，EWRs）是指维持生态系统健康所必需的流量（水量）大小、时机等（Arthington et al.，2018），其研究对象涉及水生生态系统以及陆面植被生态系统（杨薇等，2020）。目前，人类开发利用的地表水资源量已高达全球可利用水资源总量的 50%以上，并将在 2025 年增至 70%（Postel et al.，1996；Postel，2000；李昌文，2015）。2016 年，中国海河（93.6%）、淮河（61.5%）、黄河（64.9%）、西北诸河（41.8%）以及辽河（40.3%）水资源开发利用程度均大于极限开发值（40%），并且中国大约 64%的河流受到了人类活动较强干扰或严重干扰（张益章等，2020）。随着水资源需求的日益增大，大量的生态需水被其他用水类型挤占，水生生态系统及其水文情势遭受到了不同程度的扰动（Richter，1997；陈敏建和王浩，2007；Gudmundsson et al.，2021），超承载力的水资源利用方式造成了河道缺水干涸、物种减少、生态环境恶化等问题（Tharme，2003；梁士奎，2016；Rolls and Bond，2017）。

随着水生生态系统环境的恶化，人们对生态系统完整性、生物多样性保护的关注度逐渐提升，逐步认识到水资源开发与保护应当并重，越来越重视生态系统健康的维持（Bovee，1996；Bunn and Arthington，2002；董哲仁等，2010；Graham et al.，2020）。生态需水（生态流量）阈值研究及保障一直是国内外流域水资源优化配置领域的研究热点（Hughes，2001；丰华丽等，2002；Hayes et al.，2018；Virkki et al.，2021）。我国先后颁发了《全国水资源综合规划》（国函〔2010〕118 号）、《中共中央 国务院关于加快水利改革发展的决定》（中发〔2011〕1 号）、《国务院关于实行最严格水资源管理制度的意见》（国发〔2012〕3 号）和《中共中央 国务院关于加快推进生态文明建设的意见》（2015 年）等指导性文件，这些文件中明确提出要严守生态红线，将生态流量作为取用水总量控制的重要指标，或者将生态流量作为水资源配置方案的关键内容。

2019 年 9 月，习近平总书记在黄河流域生态保护和高质量发展座谈会上指出，要统筹推进各项工作，"让黄河成为造福人民的幸福河"（习近平，2019）。由于黄河中游特殊的地理位置和自然环境，水土流失比较严重，因此，国家近几十年来在黄土高原大规模实施退耕还林工程和水土保持工程等，使黄河中游成为我国植被变化较剧烈的区域之一（张晨成，2017）。相关研究表明，近 30 年来，黄土高原生长季的归一化植被指数（NDVI）以 0.019/10a 的速率增加（赵安周等，2017）。对于黄河流域来说，黄河中游是黄河泥沙重要来源区；中游的干流水库联合调度，是黄河水量调度的重要组成部分；同时中游有黄河湿地国家级自然保护区、陕西黄河湿地省级自然保护区。鉴于黄河中游生态系统的特殊性，黄河中游生态需水量较大，且在时间上有一定要求。但是近年来，由于社会经济的快速发展，沿黄取用水量不断增加，在竞争性用水过程中形成了生态用水被工业或农业用水挤占的现象，导致黄河生态水量不足以维持自身生态系统的健康（梁士奎，2016；张宁宁等，2019；贾绍凤和梁媛，2020）。

目前，大多数学者在对黄河整体生态环境进行大规模实地调查的基础上，针对黄河生态环境的实际状况和生态保护目标，结合专家经验并综合考虑水量的历时、频率等因素，开展了生态需水量的相关研究。虽然生态需水结果更细化、更具合理性，但是，生态水文过程与生态系统的响应关系尚未完全厘清，并且将生态需水成果应用到黄河水量生态调度实践中相对较少。水资源短缺背景下的经济社会用水与生态环境需水之间的竞争性用水状况，使得生态系统受到不同程度影响，造成一定的生态系统损失。

因此，本书拟结合黄河水库（群）生态需水调度实践需求，以各类生态系统的生态需水规律及水力联系为基础，分析黄河中游典型区不同类型生态需水机理及内涵，核算黄河中游典型区陆面植被、沿河湿地及关键断面生态需水量；将各类生态需水整合成能够满足水资源配置或调度要求的水量（流量过程）；评估生态需水得不到满足时不同情景的生态风险。本书为多尺度、多维度的动态水资源配置提供生态需水参数，对推进黄河流域生态系统的良性发展具有重要的科学意义和应用价值。

1.2 黄河生态需水研究进展

黄河大部分流经我国干旱与半干旱地区，人类活动过多挤占生态用水，导致黄河干流和河口湿地生态系统退化。由于黄河流域面积之大，上、中、下游以及河口生态需水存在较大差别。黄河干流上中游断面生态需水核算主要包括河道的生态基流量（维持鱼类栖息地的生态流量）以及水体自净需水量等；下游在水量统一调度中纳入生态环境因子，保持河道不断流、输送泥沙、输送污染物，维持地下水位和重要物种生境；河口生态系统生态需水以三角洲湿地（鱼类和植被等）为主进行研究，主要包括维持河口三角洲生态的水量（连续性水量及水量过程）。国内学者根据黄河上、中、下游自然环境特色以及生态环境问题，从不同角度对黄河不同类型的生态需水进行了大量的研究。经文献梳理发现，黄河生态需水上中游断面主要关注生态系统保护为主的生态需水核算，下游主要集中在泥沙输水量方面的研究上（赵芬等，2021）。

黄河上中游生态需水相关研究主要核算了不同断面的生态需水量。"九五"攻关课题——"黄河三门峡以下水环境保护研究"，全面核算并分析了三门峡以下的黄河环境和生态水量（崔树彬和宋世霞，2002；郑志飞，2007）。"黄河干流生态环境需水研究"项目，应用水文学等方法，对黄河重要断面生态流量和自净需水进行了探索研究（郝伏勤等，2006）。"十五"攻关课题——"黄河流域生态用水及控制性指标研究"，评估了黄河下游主要水文断面的最小生态流量（王高旭等，2009）。马广慧等（2007）采用逐月最小生态径流量法和逐月频率法计算了黄河唐乃亥、头道拐、花园口三个水文断面的生态径流量。陈朋成（2008）通过建立黄河上游河段的生态需水量模型，分河段计算了不同水文频率年的黄河河道内生态需水总量。许拯民等（2009）通过建立宁蒙河段基本生态需水量和适宜生态需水量计算模型，计算了不同保证率的下河沿、青铜峡水文断面的基本生态环境需水量。刘晓燕（2009）针对不同水平年和保证率，分别讨论了生态低限流量和适宜流量，核算出利津断面适宜生态水量为181 亿 m³。赵麦换等（2011）在黄河流域水资源综合规划的初步成果基础上，计算了黄河干流利津断面生态需水量为 200 亿～220 亿 m³，河口镇（头道拐）断面生态需水量为 197 亿 m³。蒋晓辉等（2012）定量评估了黄河干流水库建造前后的生态系统的变化，分析了黄河水生生物对变化的来水来沙条件的响应，并采用栖息地模拟得出符合鱼类生长需求的生态流量过程，确定花园口和利津断面 4～6 月的适宜脉冲流量分别为 1700 m³/s 和 800 m³/s。黄锦辉等（2016）在黄河干支流重要河段功能性不断流指标研究中，考虑了河道内鱼类产卵、栖息等需求，模拟了满足鱼类需求生态流量。尚文绣等（2020）综合考虑河流生态完整性，研究得出利津断面年最小生态需水量为 119 亿 m³，适宜生态需水量为 130 亿～137 亿 m³，并提出高流量脉冲过程。刘晓燕等（2020）基于野外实地调查数据，建立了黄河利津段产卵期黄河鲤的适宜栖息地面积与流量的关系曲线，研究得出利津河段在黄河鲤产卵期的适宜流量为250 m³/s。这些研究成果有效地支撑了黄河流域水资源生态调度。

黄河下游生态环境需水量相关的研究始于对河流输沙需水量的研究。"八五"国家科技攻关项目"黄河流域水资源合理分配和优化调度研究"，分析了黄河下游河道汛期和非汛期的输沙用水量（黄锦辉，2005）。常炳炎和席家志（1997）将河道的河床淤积比纳入研究中，认为黄河利津断面的输沙水量为 20 m³/t 左右。沈国舫（2000）认为黄河下游总需水量共 160亿 m³，其中，输沙用水为 100 亿 m³。石伟和王光谦（2002）对黄河下游的非汛期生态基流量和汛期输沙需水量进行了计算，得到花园口断面的生态需水量为 160 亿～220 亿 m³，其中汛期输沙水量为 80 亿～120 亿 m³，非汛期生态需水量为 80 亿～100 亿 m³。倪晋仁等（2002）综合研究了黄河下游河流最小生态需水量和三种代表性的来水来沙状态下的输沙水量，发现下游河道的最小生态需水量为 250 亿 m³。黄河水利委员会（简称黄委会）则认为下游的汛期输沙水量大于 150 亿 m³，非汛期生态用水不低于 50 亿 m³；应保证黄河下游最低限额需水量 210 亿 m³（李国英，2002）。沈珍瑶等（2005）通过分析不同水平年及保证率下的生态需水差异，得出全年考虑输沙的最小需水量约为 63.2 亿 m³。杨志峰等（2006）综合考虑黄河下游河道的基本生态环境、输沙及入海等方面的需求，得出黄河下游生态需水量最小为198.2 亿 m³。刘晓燕等（2020）综合考虑下游河道输沙和河口淡水湿地补水需要，认为下游输沙需水量为 40 亿～50 亿 m³，汛期流量保证大于 3500 m³/s。

梳理黄河生态需水的相关研究成果（表 1-1）发现，学者们从不同的角度（对象/目标），采用不同的研究手段进行了相关研究，但其生态需水成果存在一定差异。前期黄河生态需水研究主要探讨了生态需水"量"，未考虑河流生态需水过程与径流要素间的响应关系，缺乏生态合理性的相关分析。后续研究基于黄河整体生态环境进行大规模实地调查，综合考虑了流量的历时、频率等因素，核算了不同类型的生态需水量，生态需水评估结果较前期研究更加合理。

表 1-1 黄河重要断面生态需水研究成果（赵芬等，2021）

主要控制断面	生态基流/(m³/s)	敏感期生态流量/(m³/s)	目标生态水量/亿 m³ 汛期	非汛期	全年值	成果来源
下河沿	340	5~6 月：600；7~10 月：一定量级的洪水过程				《黄河流域水资源保护规划（2010~2030 年）》
	200					《黄河水量调度条例实施细则（试行）》
	最小：82.3（P=75%）/ 71.2（P=90%）/ 适宜：264（P=75%）/ 213.22（P=90%）					许拯民等，2009
	220					张文鸽等，2008
	最小：420；适宜：350					郝伏勤等，2006
头道拐	75	4 月：75；5~6 月：180	120	77	197	《黄河流域综合规划（2012—2030 年）》
	50				200	《黄河流域水资源保护规划（2010~2030 年）》
	最小 123；适宜 244				197	《黄河水量调度条例实施细则（试行）》
	484					赵麦换等，2011
	最小 80~180；适宜 200				152.64	王高旭等，2009
						马广慧等，2007
						刘晓燕等，2006
龙门	100	4~6 月：180				《黄河流域综合规划（2012—2030 年）》
						《黄河水量调度条例实施细则（试行）》
						王高旭等，2009
花园口	最小 128；适宜 276	4~6 月：200；7~10 月：一定量级的洪水过程				《黄河流域综合规划（2012—2030 年）》

续表

主要控制断面	生态基流/(m³/s)	敏感期生态流量/(m³/s)	目标生态水量/亿 m³			成果来源
			汛期	非汛期	全年值	
	200	4~6月：600；7~10月：一定量级的洪水过程				《黄河流域水资源保护规划（2010～2030年）》
	最小 180~300；适宜 320~400，灌溉期<800					刘晓燕等，2006
	150					《黄河水量调度条例实施细则（试行）》
花园口	最小 240~330；适宜 450~600	4~6月：最小 300~360；适宜 650~750，历时 6~7d（5月上中旬）800~1000 m³/s 水量过程				黄锦辉等，2016
		7~10月：最小 400~600；适宜 800~1200，历时 7~10 d（7~8月）1500~3000 m³/s 洪水过程				
	最小 172；适宜 327	洪水期 3322				王高旭等，2009
	872				275.04	马广慧等，2007
	200				63	《黄河干流生态流量保障方案》
					160~220	石伟和王光谦，2002
					>250	倪晋仁等，2002
		4~6月脉冲：1700				蒋晓辉等，2012
		4月：75；5~6月：150；7~10月：输沙用水	170	50	220	《黄河流域综合规划（2012—2030年）》
利津	75	4~6月：250；7~10月：一定量级的洪水过程			187	《黄河流域水资源保护规划（2010～2030年）》
	30					《黄河水量调度条例实施细则（试行）》
					200~220	赵麦换等，2011
	最小 80~150；适宜 230~290	4~6月：最小 90~170；适宜 270~290				黄锦辉等，2016

续表

主要控制断面	生态基流/(m³/s)	敏感期生态流量/(m³/s)	目标生态水量/亿m³			成果来源
			汛期	非汛期	全年值	
利津	最小80~150；适宜230~290	7~10月：最小350~550；适宜700~1100，历时7~10 d（7~8月）1200~2000 m³/s 洪水过程				黄锦辉等，2016
	最小166；适宜371	洪水期2800				王高旭等，2009
	最小80~160；适宜120~250				181	刘晓燕等，2006
	50					《黄河干流生态流量保障实施方案》
		4~6月脉冲：800				蒋晓辉等，2012
		涨水期需提供1~2次持续时间不低于7 d，流量不低于1220 m³/s的高流量脉冲			最小119；适宜130~137	尚文绣等，2020
		产卵期：适宜250 m³/s；最低100 m³/s				刘晓燕等，2020

1.3　黄河生态需水核算方法

　　本节对黄河干流生态需水相关研究采用的方法进行了对比分析（表 1-2），发现采取水文学方法进行生态需水核算时，由于研究对象和保护目标的不同，采取的研究手段也不尽相同（赵芬等，2021）。其中，Tennant 法、90%保证率设定法、逐月频率计算法等水文学方法应用于最小生态需水量（生态基流）计算，这些方法简单快速，但需要大量历史数据支持，时空变异性和精度较差。对于保护鱼类生存繁衍和维持湿地生境等为目标的生态需水研究，多采用水文-生态相结合的方法。物理栖息地模拟模型能体现水文要素与湿地生态相关性以及研究对象的生态相关性，计算精度高，但要基于大量观测数据，代价较大。栖息地模拟与流量恢复法结合能体现流量的历时、频率、变化率等因素对生物的影响等，核算结果精确度更高。栖息地模拟与水文参照系统特征值相结合，能体现保护物种的生态需水过程，但不同年份河床形态变化大，栖息地模拟结果的适用性受到限制。综上，生态需水研究已从过去采用历史经验值的简单核算，发展到注重分析水文情势与生态的响应关系，同时充分考虑河流的整体生境特点，研究方法越来越综合且全面，但在实际应用中还需要具体问题具体分析。

表 1-2　黄河干流与河口生态需水量相关计算方法比较

计算目标	采用方法	来源	优缺点
最小生态需水量	逐月最小生态径流量法	马广慧等，2007	方法简单快速，但时空变异性差
	相对流量-河流规模模型	王高旭等，2009	能体现河流水文情势变化，相对快速，具有针对性，但不能体现季节性变化
	采用 Tennant 法，以天然径流量的 10%作为维护水生最小需水量	赵麦换等，2011	方法简单快速，但需要大量历史数据，时空变异性和精度差
生态基流	历史流量法（Tennant 法和 90%保证率设定法）	郝伏勤等，2006	方法简单快速，但需要大量历史数据，时空变异性和精度差
适宜生态流量	逐月频率计算法	马广慧等，2007	方法简单快速，但误差较大
	鱼类生境法，物理栖息地模拟模型（PHABSIM）	张文鸽等，2008 王高旭等，2009	能体现鱼类生态相关性，但数据获取难度大
面向河流生态完整性的生态需水过程	栖息地模拟与水文参照系统特征值相结合	尚文绣等，2020	能体现保护物种的生态需水过程，但不同年份河床形态变化大，栖息地模拟结果的适用性受到限制
鱼类生长需求的流量过程	栖息地模拟与流量恢复法结合	蒋晓辉等，2012	能体现鱼类生态相关性，计算精度较高

　　纵观有关黄河生态需水的研究成果，可以看出，在研究范围上，主要集中在黄河下游河段及河口三角洲区域，中、上游河段研究较少，全河段的研究更少；在时间尺度上，一般分

为汛期和非汛期或汛期和关键期,汛期主要考虑河道输沙水量,关键期主要考虑生物繁殖等;在生态需水核算方法上,大多采用多年平均天然径流量、年最枯月平均流量或保证率最枯月平均流量的核算方法,大多缺乏对沿河湿地生态用水需求的考虑,分类计算的生态需水量很难用于黄河水资源的配置中。因此,未来相关研究需要结合河流的空间结构特征、各河段的相互关系以及流域的水文特征等对生态需水进行整合。

1.4 需要进一步研究的问题

目前,生态需水评估大多关注河流生态系统对变化流量的需求,忽略了河流水文情势变化与生态过程的内在响应关系;同时,大多没有考虑沿河湿地的生态用水需求,生态需水整合计算所得水量很难用于黄河水资源的配置,难以适应最严格的水资源管理制度的管理需求,并且对缺水情景下造成的生态系统损失的评估和考量不足。

结合目前生态需水的研究基础,从水资源管理的发展角度来看,需要不断加强生态需水量理论及内涵分析的研究,探索分析典型区域、典型条件下的生态需水机理,构建合理的生态需水核算体系;综合考虑生态需水内涵、特征,开展黄河中游典型区生态需水阈值整合;针对受人类活动与水沙交互影响最强烈的黄河中游沿河湿地,探索生态需水难以得到保障时的生态系统价值损失,基于生态系统服务视角评估湿地缺水生态风险,为黄河水量调度提供参考信息,为决策部门提供借鉴。

1.5 研究内容和技术路线

本书主要研究黄河中游典型区各类生态系统的生态需水内涵和水力联系,阐明黄河中游典型区生态需水机理,核算陆面植被生态系统、代表性河段和干流沿河湿地生态需水量,并整合不同类型的生态需水,评估不同缺水情景沿河湿地的生态风险,厘定黄河中游典型区全过程生态需水阈值集和参数集,以为多尺度、多维的动态水资源配置提供生态需水参数,推进黄河生态系统健康良性发展。

1.5.1 研究目标

研究目标主要包括揭示黄河中游典型区各类生态系统的生态需水规律,综合考虑生态需水内涵、特征,开展面向水资源配置的不同生态保护目标下的生态需水整合,厘定变化环境下黄河中游典型区生态需水阈值集和参数集,评估生态需水缺水条件下沿河湿地的生态风险,为黄河水量调控及沿河湿地生态补水方案提供科学支撑,为多尺度、多维的动态水资源配置提供生态需水参数。具体目标为:①分析中游干流水文气象动态演变特征,揭示黄河中游干流生态水文系统中生态水文要素时空演变特征;②核算中游典型区陆面植被生态需水,剖析并揭示景观格局变化与降水、气温等气象因素对陆面植被生态需水的驱动机制；③阐明中游典型区河流水生生态系统的生态需水内涵，结合栖息地模拟模型，核算中游干流关键断面河流生态需水量（需水过程）；④阐明维持黄河中游干流沿河湿地栖息地生态功能的生态需水内涵，并考虑水文过程对鸟类等栖息地影响机制，核算沿河湿地生态需水量；⑤根据黄河水资源调度管理与水资源优化配置的需求，分析河流的空间结构特征、河段的水文特征，构建不同生态需水类型的整合计算模型；⑥基于生态系统服务视角，结合水量调度等构建的不同缺水情景，评估典型区沿河湿地生态系统的价值损失。

1.5.2　研究内容

根据黄河水资源调度管理与水资源优化配置的需求，本书以黄河流域中游为研究区，以中游坡高地陆面植被生态系统、中游干流河段以及黄河小北干流两岸的沿黄湿地自然保护区为研究对象，立足于前人的理论基础及对黄河河流现状的认识，核算了黄河中游典型区陆面植被生态需水，并厘清了其驱动机制；辨识了黄河中游干流河流生态系统的关键种及生态保护目标，阐明了代表性河段的河流生态需水内涵，核算了关键断面及沿河湿地的生态需水量；对黄河中游典型区不同生态需水进行了整合；分析了黄河中游干流沿河湿地缺水生态风险，旨在为黄河流域的水资源管理和调度提供决策基础信息。

1. 黄河中游干流水文气象动态演变特征分析

基于 1951～2015 年的黄河中游干流的头道拐、龙门站和潼关站径流量数据以及 24 个气象站点气象数据（降水和蒸散发等），采用 Mann-Kendall（MK）方法，分析黄河中游典型区水文气象要素的整体变化趋势和特征；并基于代表性水文站——龙门站的实测日径流数据，厘清黄河中游干流的生态水文流量变化特征及其演变规律，剖析不同尺度的黄河干流生态水文情势，为生态需水分析奠定基础。

2. 黄河中游典型区不同类型生态需水核算

综合考虑黄河中游典型区主要生态系统（主要包括陆面植被生态系统、河流生态系统和湿地生态系统）的现状特征以及黄河中游典型区不同生态系统的生态需水内涵，进行不同类型生态需水核算。

（1）黄河中游典型区植被生态系统生态需水核算及驱动机制分析。近 20 年来，由于黄河中游水土保持和退耕还林等工程的实施，黄河的植被覆盖情况和来水来沙条件发生了变化，进而改变了黄河中游的植被蒸散发量及景观格局，影响了植被耗水过程和植被生态系统的需水量。针对黄河中游典型区的水资源短缺和生态功能退化的现状，核算典型区陆面植被生态系统的生态需水，分析景观格局的变化特征；在此基础上，分析景观格局、降水、气温等因素变化对生态需水的影响，厘清典型区陆面植被生态需水变化的驱动因素。

（2）黄河中游典型区关键断面河流生态需水核算。基于对黄河河流现状条件的认识，考虑河流的生态功能、水沙条件、国家相关部门划定的湿地自然保护区、水产种质资源保护区等方面的因素，确定黄河中游干流的主要生态保护目标。同时，根据黄河水资源现状条件，以维持现阶段生态状况和保证河流生态系统的完整性为目标，以栖息地模拟法为基础，构建具有明确水文-生态机制的生态需水过程；并参照天然河川流量特征值，补充、完善生态需水结果，确定黄河中游典型区关键断面（龙门和花园口）的最小和适宜生态需水。

（3）黄河中游典型区沿河湿地生态需水核算。综合考虑黄河中游干流沿河湿地附近水文断面的水深、河段、流量等条件，兼顾湿地的景观类型和功能定位等，核算湿地土壤、植被等满足湿地栖息地生态功能的生态需水量。厘清影响湿地水生植物萌发和鸟类栖息的关键时期的生态水文过程，核算 4～6 月、7～10 月和 11 月至次年 3 月三个关键时期的沿河湿地生态需水量。

3. 黄河中游典型区河流生态需水整合分析

综合考虑黄河河流现状特征、黄河水资源调度管理与水资源优化配置的需求以及黄河中游的生态需水内涵，结合生态功能区划及生态保护目标，分析河流的空间结构特征，以及各子系统水动力、水质、水生生物等生态需求在空间和时间上的兼容关系及流域的水文特征，根据不同目标或层级条件下的生态需水量及水流条件要求，以河流自然功能和社会功能基本均衡发挥为原则，兼顾水流的自然连续性和水库的调节运行，确定水文-环境-生态复杂作用下黄河中游典型区关键断面生态需水阈值集。

4. 缺水条件下沿河湿地生态风险评估

辨析变化环境下黄河中游干流水文情势对沿河湿地生态需水的影响，评估沿河湿地生态需水不同情景下固碳释氧、土壤保持、水文调节以及生物栖息地等生态系统服务变化情况，以湿地的生态系统服务价值（ecosystem service value，ESV）为基础，厘清湿地生态需水得不到满足时（缺水条件下）的生态风险（生态系统服务价值的损失量），为生态需水配置方案的设计提供基础信息支撑。

1.5.3　技术路线

本书首先分析变化环境下黄河中游干流水文、气象要素的时空动态系统演变特征，识别黄河中游径流水文情势及气象要素的变化规律；其次分析黄河中游典型区陆面植被生态需水变化及其驱动因素；探讨基于栖息地模拟的黄河中游关键断面的河流生态需水过程；核算中游干流沿河湿地生态需水量；在此基础上厘定黄河中游典型区的生态需水整合的阈值；评估黄河中游干流沿河湿地生态需水得不到满足时（缺水条件下）的生态风险，以为生态配水方案的设计提供支撑。技术路线见图 1-1。

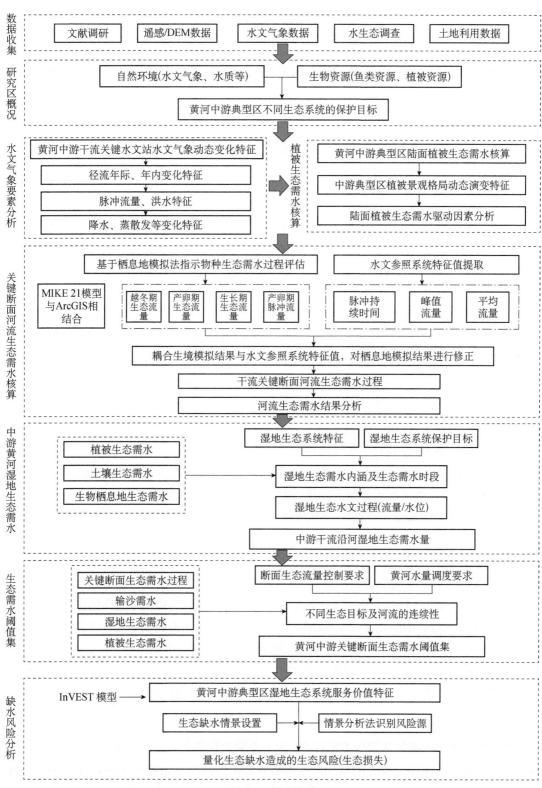

图 1-1 技术路线

第2章 生态需水相关理论与研究进展

2.1 生态需水内涵及学科支撑理论

2.1.1 生态需水内涵与研究进展

生态需水研究始于 20 世纪 40 年代美国学者对河流流量与鱼类产量关系的研究，70 年代开始兴起（Tennant，1976），90 年代后趋于成熟（Ardisson and Bourget，1997；Mathews and Richter，2007；Kim and Montagna，2009；Kendy et al.，2017）。国内生态需水的相关研究开展相对较晚，始于 70 年代针对水环境污染的河流最小流量确定方法的研究，兴起于 90 年代的生态环境用水研究，先后经历了认识（20 世纪 70~90 年代末）和研究（2000 年以后）两个阶段（崔瑛等，2010；靳美娟，2013；Wu and Chen，2017）。20 世纪中期以来，受水利工程、引水等人类活动影响，河流自然水文情势发生改变并导致生态功能退化，河流生态需水成为研究热点（Yang et al.，2008；Poff and Matthews，2013；Wu and Chen，2017；司源等，2017）。与湖泊、湿地等生态需水不同，河流生态需水重点在于保障适宜生态流量。众多研究提出了枯水流量、最小河流需水量、最小可接受流量、生态可接受流量范围和生态基流等术语（徐宗学等，2016）。这些术语的共同含义为维持河流生态系统健康需要一定的最小流量。随着研究的深入开展，天然水文情势的节律变化及其在维护生态系统健康方面的意义受到重视，河流生态需水还需要低流量、流量脉冲、小洪水和大洪水等流量组分（Poff et al.，1997；Bunn and Arthington，2002；王俊娜等，2013）。

由于生态系统和水资源利用状况的差异，生态需水内涵也存在差异。例如，Arthington 等（2018）将生态需水定义为："为维持生态系统健康，所必需的流量（水量）大小、时机和水质"，刘昌明等（2020）将生态需水定义为："在现状和未来特定目标下，维系给定生态、环境功能所需的水量"。目前，《水利部关于做好河湖生态流量确定和保障工作的指导意见》（水资管〔2020〕67 号）中明确了河湖生态流量的内涵：河湖生态流量是指为了维系河流、湖泊等水生态系统的结构和功能，需要保留在河湖内符合水质要求的流量（水量、水位）及其过程。生态需水研究对象涉及水生生态系统以及陆面植被生态系统等多种生态系统类型，主要涉及的生态需水类型有河流生态需水、湿地生态需水和植被生态需水。

1. 河流生态需水

基于对河流生态系统认识的不断提高，加上水利工程等人类活动对生态环境愈发严重的破坏，人们提出"河流健康"的概念，以缓解并解决河流生态系统恶化的问题（Norris and Thoms，1999；Norris and Hawkins，2000；梁士奎，2016），其中河流生态需水是河流健康评价的一个重要指标。专家学者们从不同的学科领域出发，提出了生态需水的概念和界定，包括环境流量、生态基流、最小流量等（杨志峰等，2006；严登华等，2007）。国外相关研究大多基于生态学视角，关注河道内流量（Poff，2018）；而国内相关研究则随着对生态需水更深层次的认识，逐步拓展到干旱区植被、河流及湿地等生态系统的生态需水评估（王西琴等，2001；粟晓玲和康绍忠，2003；李嘉等，2006；孙涛等，2010）。近年来，河流生态需水研究随着河道断流、水污染等生态环境问题的出现而展开。最初生态需水主要侧重于河道内生态系统，保证最小生态需水量，之后，开始考虑河流流量的连续性，模拟河流自然水文过程，并基于流量变化，分析河流生态系统的适应性，满足河流关键生态过程的水文过程需求（图 2-1），突破了生态系统类型的限制，拓展到综合生态需水分析（徐静，2011；张晓晓，2012；张远等，2017；杜玉春和马兴冠，2018）。

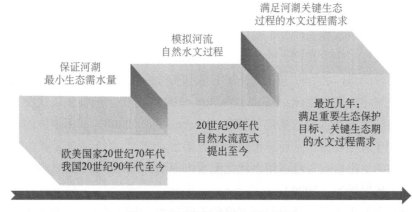

图 2-1 国内外生态需水研究进展

生态需水核算方法的研究和应用进展相当迅速。当前，国内外有关河流生态需水量核算的方法可总结归纳为水文学法、水力学法、栖息地模拟法和整体法等（Tharme，2003；李娜等，2019）。由于对生态需水的目标有不同的理解，河流生态需水核算方法各有差异。其中，最枯月平均流量法常被应用于水资源规划中来核算河流环境用水等。近年来，描述生态水文变化过程的水文指标方法得到了广泛应用，该方法通过明确与生态有关的水文过程来分析河流的生态需水问题。

2. 湿地生态需水

开展湿地生态流量阈值研究并利用水文要素对湿地生境进行重塑、保障生态流量一直是国内外流域水资源优化配置领域的研究热点（崔保山和杨志峰，2002；陈宜瑜和吕宪国，2003）。近年来，研究人员在全面考虑不同因子相互作用条件下湿地生态系统平衡与流量间关系的基础上，根据湿地关键物种生存或栖息地环境与径流间的响应关系，计算生态流量阈值，其已成为湿地生态需水的主要研究方向和研究范式（Meitzen et al.，2018；Chen et al.，2020）。

不同研究视角下，湿地生态需水内涵具有差异性，有广义和狭义之分，湿地生态需水量是指为维持湿地生态系统正常生态功能所消耗的水量（沈国舫，2000；崔保山和杨志峰，2003；赵少延，2013）。总体来说，国外有关湿地生态需水的研究相对系统全面，注重生态与水资源关系的综合研究，特别是生物多样性的研究（Mayer and Thomasson，2004；Eamus et al.，2006；Pander et al.，2018）；国内则大多运用经典公式，分级分类型计算湿地生态需水量。例如，崔保山和杨志峰（2003）首先提出湿地生态需水分级的概念，并将湿地生态需水量分为最小、中等、优、最优和最大生态需水量 5 个等级。赵东升等（2004）和郭跃东等（2004）根据功能进行分类计算了湿地不同等级的生态需水。赵少延（2013）和周维博等（2015）则在湿地生态需水分类的基础上，考虑了关键物种水力参数及输沙等因素，计算了三门峡库区湿地生态需水。这些研究对于促进生态需水理论发展和应用发挥了重要作用，但是，存在着生态需水重复计算的不足，在一定程度上降低了研究结果的准确性。

3. 植被生态需水

天然植被的生态需水相关研究主要通过分析大气、植被和土壤之间的生态水文过程，实现对天然植被生长过程中生态需水的动态监测（Allen et al.，1998）。Gleick（2004）认为天然生境需要一定量的水，水资源短缺将引发生态用水和经济用水间的矛盾，进而导致植被多样性和生态系统整体性发生变化。Baird 和 Wilby（1999）分析了植被生长状况与水文过程之间的关系，为植被生态需水研究奠定了基础。Groeneveld（2008）利用植被的潜在蒸腾量、年降水量和 NDVI 的相互关系来计算植被的生态需水。总之，关于天然植被生态需水的研究主要从天然植被的生态需水与经济用水优化配置方面展开（Hughes，2001；严登华等，2002；沈霞等，2018；杨媛媛等，2020）。

随着人类对自然生态系统开发利用强度的不断增加，出现了生物多样性减少、生境破碎化等生态退化问题（Cui and Li，2011；Fang et al.，2018），危及人类社会的安全和可持续发展（Liu and Xia，2004；Liu and Cui，2011；Li et al.，2015；吴春生等，2018）。植被生态系统在维护区域生态系统稳定和生态保护方面发挥着重要作用，特别是在脆弱生态区（Amici et al.，2015；李艳忠等，2016）。然而，植被生态系统的生态水文过程与植被变化有着密不可分的联系（Gerten et al.，2004）。生态水文过程直接影响水的可利用性，进而影响植被生长（Seddon et al.，2016）。植被生态系统的生态需水旨在维持生态水循环中的生态系统功能和健康（Deb et al.，2019a，2019b），因此，其在生态水文研究中逐渐受到重视（Pitt and Kendy，2017；Wurbs and Hoffpauir，2017）。植被生态需水不仅可以量化区域生态系统对水资源的需求，还可以分析人类活动对水资源的消耗程度，有利于在保护环境的前提下合理开发利用水土资源，实现经济与生态的协调发展。

在景观生态学研究中，景观格局的变化是指在内、外部作用力的驱动下，景观类型、功能和空间结构随时间变化从一种状态转成另一种状态的过程（Forman and Godron，1981；宫继萍等，2013；曾建军，2015）。土地利用景观格局变化是驱动生态系统功能变化最关键且最直接的因素之一（Fu and Chen，2000；Deng et al.，2014），其通过改变生态系统的生产力、物理参数和生物化学循环来影响土壤和植被之间的营养信息传递，进而影响生态系统的组成和结构。此外，景观格局的动态变化还改变了植被的耗水过程，从而影响生态系统的生态平衡（Gao et al.，2017）和植物物种的丰富度。

近几十年来，由于黄河中游的地表植被覆盖格局（景观格局）发生了剧烈变化，草地和林地景观面积增加（Ding，2003；Wang et al.，2010；邵蕊，2020），对水文过程及径流量都产生了较大的影响。一些学者分析了人类活动和气候变化对黄河流域生态系统和水文系统的影响（Fu et al.，2004；Feng et al.，2012），发现黄河中游天然年径流量和生态系统的年变化具有显著的周期性。针对黄河中游典型区的水资源短缺和生态系统功能退化的现状，分析陆面植被生态需水的变化特征及其与景观格局变化、降水与气温等气象因素的相关关系，厘清陆面植被生态需水的驱动机制，对于黄河中游生态系统恢复和保护（景观规划或土地利用规划等）有重要借鉴意义。

综上所述，国内外生态需水的研究主要集中在三个方面：生态需水机理方面的研究、核算方法方面的研究和对生态影响或响应方面的研究。但在核算生态需水量时，对河道外敏感生态系统重视不够，更缺乏生态目标的定量化描述；缺乏对生态需水成果的生态合理性的研究分析，无法判断研究成果准确的实际价值。此外，在生态需水量核算中，对整个生态系统生态缺水风险效应关注不足。

2.1.2　生态需水特征

从本质上讲，生态需水主要是由生态系统的自然属性决定的，受到生态系统的内部结构和外部环境及资源条件等的综合影响。作为特定时间和空间满足特定的生态系统功能所需要保持的水分，生态需水具有时空变化性、阈值性、水量水质统一性、动态性及目标性等特征（汤洁等，2005；马乐宽，2008；张晓晓，2012；李昌文，2015）。

时空变化性：任何生态系统对于不同的时间尺度，如年内和年际之间，其生态需水量是不同的。例如，河流有洪水期和枯水期，那么不同时段内生态流量不同。在空间尺度上，不同的生态系统，如河流生态系统、植被生态系统、河口生态系统等，其生态需水量不同。时间和空间是生态需水研究的两个基本因素，结合现实状况，选择合适的时空尺度，可使研究结果更具现实意义。

阈值性：生态需水量并不是一个一成不变的数值，而是在一定的范围内波动，即存在上下限。在阈值范围内，生态系统能维持其健康状况，一旦超出阈值范围，生态系统就会受到胁迫，健康状况受到威胁（马乐宽，2008；张晓晓，2012）。

水量水质统一性：生态系统对水不仅有水量的需求，同时也有水质的需求。由于经济发展，人类活动向环境中排放废水使水体污染加剧，水质恶化已成为生态系统健康的限制因子。当前人们对水污染防治的重视，使得水质恶化得到一定程度的缓解，但生态需水的计算在考虑水量的基础上，同时满足水质的需求显得尤为重要。

动态性：特定时空范围内的生态系统需水量并不是固定不变的，人类对水循环干扰或一些特殊自然现象，使得生态系统发生演替，其需水量（生态需水过程）也随之而变。

目标性：生态需水是根据一定的生态环境建设和保护目标所确定的。由于生态系统结构及服务功能的差异，不同地区建立了不同的生态目标（不同生态需水类型），生态需水量也就不同。

2.1.3 生态需水的学科支撑理论

生态需水研究生态系统对水的需求，是集水文学、生态学、环境学、气候学等学科于一体的交叉领域内容之一，目前基于生态学和水文学的研究思路是估算生态需水的基本途径（郑红星等，2004；张晓晓，2012）。因此，研究生态需水，必须首先具备水文学和生态学基础理论知识，而目前大多数研究方法也都是建立在该理论基础上的。

1. 水文学基础理论

1）水循环及生态效应

自然界的水在水圈、大气圈、岩石圈、生物圈四大圈层中通过各个环节连续运动的过程称为水循环，主要有海陆间循环、内陆间循环、海上内循环三种类型。水循环的运动形式有蒸发、蒸腾、水汽输送、凝结降水、下渗及地表径流、地下径流等。

生态系统的水分循环过程包括 3 个方面（杨志峰等，2004；张晓晓，2012）：①水分通过土壤—植被—大气连续体（soil-plant-atmosphere continuum，SPAC），从土壤进入植物根系中，逆着重力的方向通过根、茎到达叶片，最终以气态形式发散到大气中，这一过程的水分驱动力是植物生理作用产生的水势梯度及其他生理过程，生物体的水分内循环就发生在此；②从大气降水开始，水分以液态水或固态水的形式通过植被冠层的再分配及植被调节到达地表，形成地表、地下径流或储存在土壤中，这一过程基本上是在重力的作用下向下运移流转；③系统内各作用面上的液态水直接蒸发成气态而发散到大气中，这个过程是一个纯物理过程。水循环生态效应（陈敏建，2007）：水文循环与生态系统的演变关系密切，降水到达地面后，在形成地表径流过程中，对地表植被等生态景观起重要支撑作用。径流汇集到河槽、湖盆之后，维护水生生物繁衍进化，自身形成水生态系统。从生态系统总体角度来看，生态系统最主要的水分来源是降水、径流、土壤水和地下水，最主要的水分消耗是蒸发、蒸腾。

自然水循环在无人类干扰时会保持着良性循环，但是为了满足社会经济的发展需要，人类对水土资源的开发利用，使得水循环的能量除来自自然力（地球引力和太阳辐射）外又增加了人工作用力，这改变了原来自然水循环的属性，水循环演变为"自然-人工"二元水循环。因此，生态需水的研究过程，要把握自然水循环和人工水循环两个子系统，弄清它们的区别以及耦合关系，使结果更具合理性。

2）水平衡理论

水分在周而复始的循环过程中，时刻遵循质量守恒定律，即水量平衡原理（高建峰等，2006）。其关系表达式可表示为

$$W_I - W_O = W_1 - W_2 = \Delta W \qquad (2\text{-}1)$$

式中，W_I 为时段内输入的各种水量之和；W_O 为时段内输出的各种水量之和；W_1 为时段初的

水量；W_2 为时段末的水量；ΔW 为时段内水变化量。

2. 生态学基础理论

生态系统是一个复杂、开放的系统，计算生态需水时，要遵循的生态学原理主要有：整体性理论、物种多样性理论、物种忍耐定律理论、景观生态学理论、耗散结构理论等（李群，2009；李昌文，2015）。

（1）整体性理论。整体性理论认为复杂系统和有机整体的性质和功能，不能通过其简单的组成成分来反映，生态系统的各成分通过协同进化形成了不可分割的统一的有机整体。因此对于一个系统的研究，要以整体观为指导，在系统水平上来研究（高建峰等，2006；李群，2009）。生态系统的组成成分包括生产者、消费者、分解者、无机环境。在研究生态需水时不能仅考虑生物自身生命体对水的需求，还要考虑生物生存所需的水环境对水的需求；不能仅考虑生态系统中某一区域对水的需求，还要考虑整个生态系统维持健康所需的水及各子系统之间的协同关系。因此，整体性理论要求生态需水的研究不能只局限于小尺度，要着眼于整体性的大尺度。

（2）物种多样性理论。物种多样性是衡量特定地区生物资源丰富程度的一项客观指标，指动物、植物、微生物等生物种类的丰富程度。对于一个生态系统来说，物种多样性比较高的相对来说较稳定。生态需水的计算是水资源规划配置中一个重要环节，其推荐的生态需水等级要尽可能保持生物多样性。

（3）物种忍耐定律理论。物种忍耐定律理论即 Shelford 耐性定律。该定律认为物种对环境因子的忍耐存在限度，而各因子中接近或超过耐性下限和耐性上限的因子称为限制因子。这一定律决定了在研究生物对水的需求时，需求的量存在一个阈值，水量接近或超过阈值的上下限时，生物则不能正常生存、生态系统稳定性遭到破坏。

（4）景观生态学理论。景观生态学是研究景观的结构、功能和动态以及管理的科学，是研究景观这一生物层次的生态学。在生态需水的研究中应用最多的是景观生态学的河流廊道理论，包括河流廊道和溶解物原理、河流廊道宽度原理和河流廊道连接度原理。

河流廊道对水-陆生态系统间的物流、能流、信息流和生物流起着通道、过滤器和屏蔽的作用，因此研究流域生态需水应将这一生态区域考虑在内。若河流廊道的空间结构发生变化，那么其生态功能随之改变，流域生态需水量也会随之改变。

（5）耗散结构理论。比利时物理学家 Prigogine 提出了耗散结构理论，他把系统分为三类：孤立系统、封闭系统和开放系统。在任何系统中，总熵（d_S）（系统无序程度的量度）的变化由系统内部产生的熵变（d_{si}）及系统与外界环境发生物质和能量交换而产生的熵变（d_{se}）两部分组成，对于任何系统，d_{si} 总是大于或等于零。对于非孤立的系统而言，d_{se} 则可能大于零也可能小于零，当 d_{se} 远远小于零时，一种新的组织结构可能形成，从而使得系统处于一种远离热力学平衡态的准稳定态。

生态系统是一个耗散系统，其稳定性是通过熵最小化过程实现的。当一个健康的生态系统受到胁迫或干扰后，系统的无序性通常以增加群落呼吸速率、提高熵产生率等方式输出去。

当新的耗散结构形成后，系统进入稳定态。然而，如果胁迫或干扰过于频繁、过于强烈，这些系统的自组织将崩溃，从而准稳态也随之消失。在估算生态需水量时，要充分考虑水环境自身和生态系统的需水特性，使水分胁迫的危害降到最低。由上述分析可知，以上述理论为基础计算生态系统的需水更具科学性。整体性理论要求要扩大研究的尺度；物种多样性理论要求推荐的流量需水等级要尽可能保持生物多样性；物种忍耐定律理论要求根据具体的生态系统确定合理的生态需水阈值；景观生态学理论要求要注意过渡带对水的需求；耗散结构理论要求在估算生态需水量时，要充分考虑水环境自身和生态系统的需水特性，使水分胁迫的危害降到最低。

虽然大多数学者的研究都建立在水文学和生态学理论基础上，但生态需水是集多种学科的交叉领域内容之一，还包括环境学、气候学等内容。另外，有关生态系统的需水机理及需水与水资源管理关系的理论研究较少，而该理论在生态需水研究体系的建立中是必不可少的。

2.2　生态需水核算方法

2.2.1　河流生态需水核算方法

据统计，全球河道生态需水量的估算方法超过 200 种，这些方法大致分为水文学法、水力学法、水文-生物分析法、生态学法和整体分析法五大类：①水文学法是以水文学为基础的研究方法，也称历史流量法，主要包括 Tennant 法和历史流量曲线法等。②水力学法是以水力学为基础的研究方法，主要包括湿周法和 R2CROSS 法等。③水文-生物分析法是基于流量与生物量的联系判断流量变化对水生生物的影响，代表方法有 Basque 法、水生生物量法等。常取鱼类为关键物种，并建立其捕捞量与流量间的相关关系。④生态学法是以生态学为基础的方法，也称栖息地法。⑤整体分析法主要从河流生态系统整体考虑，对河流各组成因素及其相互关系进行全面综合分析，确定河流系统的需水量。具有代表性的整体法是 BBM 法。河流生态需水计算方法虽多，但还不成熟，现将主要的五类方法进行对比，见表 2-1。

表 2-1　河流生态需水量主要计算方法比较

方法类别	方法描述	适用条件	优缺点
水文学法	将保护生物群落转化为维持历史流量的某些特征	任何河道	方法简单快速，但时空变异性差
水力学法	建立水力学与流量的关系曲线，取曲线的拐点流量作为最小生态流量	稳定河道，季节性小河	相对快速，具有针对性，但不能体现季节性变化规律
水文-生物分析法	基于流量与物种多样性的相关关系	任何河道	能体现生态相关性，但计算精度差
生态学法	将生物响应与水力、水文状况相联系；确定某物种的最佳流量及栖息地可利用范围	受人类影响较小的中小型栖息地	有生态联系和针对性，但成本高，操作复杂，耗时

方法类别	方法描述	适用条件	优缺点
整体分析法	从河流生态系统整体出发	基于流域尺度的各种河流	需要广泛的专家意见，成本高

河流生态需水量常采用水文学法和水力学法，主流计算方法见表 2-2。

表 2-2　河流生态需水量计算方法

方法	方法类别	指标表达	适用条件及特点
Tennant 法	水文学法	将多年平均流量的 10%～30%作为生态基流	适用于流量较大的河流；拥有长序列水文资料。方法简单快速
90%保证率法	水文学法	90%保证率最枯月平均流量	适合水资源量小，且开发利用程度已经较高的河流；要求拥有长序列水文资料
近 10 年最枯月流量法	水文学法	近 10 年最枯月平均流量	与 90%保证率法相同，均用于纳污能力计算
流量历时曲线法	水文学法	利用历史流量资料构建各月流量历时曲线，以 90%保证率对应流量作为生态基流	简单快速，同时考虑了各个月份流量的差异。需分析至少 20 年的日均流量资料
湿周法	水力学法	湿周流量关系图中的拐点确定生态流量；当拐点不明显时，以某个湿周率相应的流量作为生态流量。湿周率为 50%时对应的流量可作为生态基流	适合于宽浅矩形渠道和抛物线形断面，且河床形状稳定的河道，直接体现河流湿地及河谷林草需水
7Q10 法	水文学法	90%保证率最枯连续 7 天的平均流量	水资源量小，且开发利用程度已经较高的河流；拥有长序列水文资料

（1）Tennant 法：该法将年平均流量的 10%视为河流的最小生态需水量，将年平均流量的 30%视为满足水生生物生存的最佳流量，60%～100%作为维持原始天然河流的生态系统的生态流量。其计算公式为

$$Q_T = \sum_{i}^{12} Q_i \times Z_i \tag{2-2}$$

式中，Q_T 为河道生态需水量（m^3）；Q_i 为一年内第 i 个月多年平均流量（m^3）；Z_i 对应第 i 个月的推荐基流百分比（%）。

Tennant 法设有 8 个等级，推荐的河道内生态环境需水量分为一般用水期（10 月至次年 3 月）和鱼类产卵育幼期（4～9 月），推荐值以占径流量的百分比作为标准。Tennant 法推荐流量见表 2-3。

表 2-3　Tennant 法推荐流量表

栖息地等定性描述	推荐的基流标准（年平均流量百分数）/%	
	一般用水期（10 月至次年 3 月）	鱼类产卵育幼期（4～9 月）
最大	200	200
最佳流量	60～100	60～100

续表

栖息地等定性描述	推荐的基流标准（年平均流量百分数）/%	
	一般用水期（10 月至次年 3 月）	鱼类产卵育幼期（4～9 月）
极好	40	60
非常好	30	50
好	20	40
开始退化	10	30
差或最小	10	10
极差	<10	<10

Tennant 法所需数据不需要现场测量，可以从水文监测站获得。如果所研究河流无水文监测站，则可以通过水文技术获得，方法简单快速。然而，实际应用时该方法也存在一定局限性：未考虑多泥沙、季节性明显、流量变化大的河流特征，以及几何形态显著影响流量等因素（赵海波，2020）。

（2）中位数法。从高到低将有限数集中所有的观测值排序后，可以确定中位数为正中间的数值，若存在偶数个观测值则中位数取两个中间数的均值。其中，观测值样本容量为影响中位数的关键因素，而极小或极大观测值对其影响较弱，可通过增强数列代表性提高其准确度。最后，从小到大按月序列排列多年逐月天然流量，则该月生态流量值即为月序列的中位数值。

（3）年内展布法。根据多年逐月天然流量系列确定逐月最小月均流量 $q_{\min(i)}$，并对最小年均流量值（即 12 个月的均值 $Q_{\min}$）进行求解，通过对多年年流量值 Q 的计算确定均值比 η，最终年内逐月河道生态流量 q_e 就是均值比 η 与多年逐月平均径流值 $\bar{q}_i$ 的乘积：

$$q_{\min(i)} = \min\left(q_{ij}\right)$$

$$\bar{q}_i = \frac{1}{n}\sum_{j=1}^{n} q_{ij}$$

$$\bar{Q} = \frac{1}{12}\sum_{i=1}^{12} q_{ij} \qquad (2-3)$$

$$\eta = \frac{\overline{Q_{\min}}}{\overline{Q}}$$

$$q_e = \bar{q}_i \times \eta$$

式中，q_{ij} 为第 j 年第 i 月的月均流量（m³/s），$i = 1,2,3,\cdots,12$；$j = 1,2,3,\cdots,40$。

（4）90%保证率法。具体步骤：①根据序列水文资料，选出每年的最枯天然月径流量；②根据所选结果，对最枯天然月径流量按照从小到大的顺序进行排列；③计算 90%保证率下的最枯月平均流量，作为最小生态需水量。此方法适合水资源量小，且开发利用程度已经较高的河流；要求拥有长序列水文资料。

（5）7Q10 法。最小生态流量值等于最枯连续 7 天的 90%保证率日平均流量，7Q10 法最早用于污水处理上,而对生态需水量的评估计算应用较少。20 世纪 70 年代我国引入该方法,并将其演变成河流最小生态流量值等于 90%保证率最枯月平均流量或近 10 年最枯月平均流量。

(6)近 10 年最枯月流量法。该方法是根据我国的实际情况,依据 7Q10 法原理,得出年最枯月平均流量法,即将近 10 年最枯月平均流量(最小月流量的多年平均值)作为河流生态需水量的标准。

(7)逐月频率计算法。多年逐月天然流量序列考虑研究区域水文资料而设立,以枯、平、丰 3 个序列组成全年 12 个月序列,并设定枯水序列(90%)、平水序列(75%)和丰水序列(50%)的不同保证率,河流各月最小生态流量即为保证率所对应的流量。

2.2.2　湿地生态需水核算方法

基本上来说,用于河流生态需水的方法和原理同样适用于湿地生态需水的计算。然而,湿地生态需水计算方法与河流生态需水计算方法也有所差别,主要差别在于河流生态系统需水主要是以点和线为控制的环境结构,而湿地生态系统主要是以面域特征为控制的环境结构,所以在分类方法上与河流生态需水的分类也有所不同。

按照生态需水计算方法所需数据类型的不同进行分类,如果该方法所需数据主要为水文数据,则称为水文数据驱动法;如果该方法所需数据主要为生态数据,则称为生态数据驱动法;如果该方法所需数据主要为水文数据和生态数据,则称为生态水文数据驱动法(刘大庆,2008)。

1. 水文数据驱动法

湿地生态需水的目标是为湿地提供一个与破坏前的水文情势尽可能相似的水文情势。通过对水文数据的统计分析得出某些特征参数,如湿地最低水位,然后根据这些特定参数确定生态需水量(刘大庆,2008)。主要有水量平衡法、换水周期法、天然水位资料法、形态分析法、最低年平均水位法、年保证率设定法以及模拟法等。

(1)水量平衡法。刘静玲和杨志峰(2002)提出水量平衡法,认为湖泊的蓄水量因入流和出流在不断变化,在不考虑人为干扰的状态下,湖泊水量处于动态平衡,如果想保持湖泊水量平衡,可据此算出出湖水量,并估算湖泊生态系统维持正常的结构与功能所必需的水量。而湖泊最小生态环境需水量应当保证补充湖泊的蒸散量、地下径流的出湖水量。湖泊最小生态环境需水量可以根据湖泊水量消耗的实际情况进行估算(刘长荣等,2010)。

(2)换水周期法。刘静玲和杨志峰(2002)提出换水周期法,该方法认为换水周期系指全部湖水交换更新一次所需的时间长短,是判断某一湖泊水资源能否持续利用和保持良好水质条件的一项重要指标。湖泊最小生态环境需水量可以根据枯水期的出湖水量和湖泊换水周期来确定,这对湖泊生态系统特别是人工湖泊的科学管理是非常重要的,合理地控制出湖水量和出湖流速,将有利于湖泊生态系统及其下游生态系统的健康和恢复。

(3)天然水位资料法。徐志侠等(2004)在研究南四湖最低生态水位时,提出了天然水位资料法。该方法认为天然湖泊生态系统已经适应了天然多年最低水位，据此提出利用湖泊多年月均最低水位资料确定湖泊最低生态水位的方法。孙爽（2014）利用查干湖多年水文资料分析了湿地水文情势以及湿地生态需水，贺克雕等（2019）则利用长时间序列水位数据分析了云南滇池、抚仙湖、阳宗海的水位变化特征，确定了生态水位。

（4）形态分析法。徐志侠等（2004）在研究南四湖最低生态水位时，提出了单纯依据湖泊地形来确定最低生态水位的湖泊形态分析法。其确定方法为采用实测湖泊水位和湖泊面积资料，建立湖泊水位和湖泊面积减少量的关系曲线。湖面面积变化率为湖泊面积与水位关系函数的一阶导数。湖泊水位每降低一个单位，湖泊水面面积的减少量将显著增加，湖面面积变化率最大值相应水位为最低生态水位。

（5）最低年平均水位法。崔保山等（2005）提出了最低年平均水位法。该方法是对历史年最低水位进行加权计算得到的。赵翔等在计算白洋淀湿地最低生态水位时应用了这种方法。

（6）年保证率设定法。崔保山等（2005）提出了年保证率设定法。该方法基于杨志峰等提出的用来计算河道基本环境需水量的月保证率设定法的基本原理及水文学方法来计算湖泊最低生态水位。

（7）模拟法。模拟法是以水文模型为工具，设定多种水资源利用方案，模拟湿地在每种方案下的水文和生态响应，从而确定合理的生态需水量（杨泽凡，2019）。

2. 生态数据驱动法

生态数据驱动法的原理是计算满足湿地特定生态环境功能所需的水量，在计算某一区域湿地生态需水量时，首先要明确被研究湿地的生态需水量类型，这些类型可能包括湿地植被需水量、湿地土壤需水量、生物栖息地需水量、水面蒸发需水量、补给地下水需水量和净化污染物需水量等（巩琳琳等，2012；赵晓瑜等，2014）。

1）湿地植被需水量

植被需水量的大小与植被的种类及特性有关。一般植物需水量包括植物同化过程耗水和植物体内包含的水分、蒸腾耗水、湿地植株间土壤或水面蒸发耗水。由于其中蒸腾耗水和棵间蒸发是最主要耗水项目，约占植物需水量的99%，因而把植物生态需水量近似理解为植物生育期内蒸散量减去同时期的降水量，可表示为

$$W_p(t) = \int_0^t \sum_{i=1}^n k_{ci} \times ET_0 \times A_{pi} \times \partial t - \int_0^t \sum_{i=1}^n P_t \times A_{pi} \times \partial t \tag{2-4}$$

式中，$W_p(t)$ 为湿地植被需水量；k_{ci} 为第 i 种植物系数；ET_0 为参考植物腾发量（mm），与当地气象因素有关，参照彭曼（Penman）公式计算；A_{pi} 为第 i 种植物的面积；t 为计算时段；P_t 为计算时段内的降水量（mm）。

2）湿地土壤需水量

湿地土壤泛指长期积水及在生长季节生长有水生植物或湿生植物的土壤，湿地土壤是湿地的基质，也是湿地生态系统碳素的主要储积场所，其需水量与植物生长密切相关。由于湿

地土壤含水率较高，选取土壤田间持水率或饱和含水率划定土壤需水量级别，其计算公式为

$$W_s(t) = \alpha \times H_t \times A_t \tag{2-5}$$

式中，$W_s(t)$ 为土壤需水量；α 为土壤田间持水率或饱和含水率；H_t 为土壤厚度；A_t 为湿地面积。

3）生物栖息地需水量

湿地是多种珍稀物种的繁殖地和迁徙驿站，也是许多水禽及鱼类的良好栖息地。根据国外湿地生物多样性研究，水面和沼泽植被面积的相对比率是决定物种丰富性的重要因素。以此为依据，通过水面面积百分比和水深要素划定需水量级别，其计算公式为

$$W_h(t) = \beta \times H_w \times A_t \tag{2-6}$$

式中，$W_h(t)$ 为生物栖息地需水量；β 为淹水面面积百分比；H_w 为水深；A_t 为湿地面积。

4）水面蒸发需水量

对于湖泊型湿地而言，水面蒸发是其水量消耗的重要方式之一，如果水体得不到足够的补充，会使水位逐渐下降，湖泊湿地逐年退化，生态环境将受到严重破坏。因此，应维持一部分水量用于弥补水面蒸发的消耗，即水面蒸发需水量，其计算公式为

$$W_z(t) = \beta \times (ET - P_t) \times A_t \tag{2-7}$$

式中，$W_z(t)$ 为水面蒸发需水量；ET 为当地年水面蒸发量（mm）；P_t 为计算时段内的降水量（mm）；β 为淹水面面积百分比；A_t 为湿地面积。

5）补给地下水需水量

湿地通过渗漏可补给地下水。渗透能力取决于水位差、渗透距离、土壤层的孔隙度和断面大小。补给地下水需水量可表示为

$$W_u(t) = \int_0^t K \times I \times \beta \times A_t \times \partial t \tag{2-8}$$

式中，$W_u(t)$ 为补给地下水需水量；K 为渗透系数；I 为湖泊湿地渗流坡度；β 为淹水面面积百分比；A_t 为湿地面积；t 为计算时段。

6）净化污染物需水量

湿地净化污染物需水量指在接纳正常流域排泄污水情况下，为维持湿地对污染物的净化作用，使湿地水质达到一定标准所需的水量。湿地净化污染物过程包括稀释和自净两个部分。湿地大面积沼泽和植被对污染物有较强的自净作用，主要原理为物理沉淀、生物吸收及生化反应；而稀释作用是指单纯的物理作用，其需水量模型应满足下式：

$$Q_i \times \gamma = W_j \times C_j \tag{2-9}$$

式中，Q_i 为污水排放进入湿地的总量；γ 为湿地污染物稀释作用的稀释系数；W_j 为湿地净化污染物需水量；C_j 为相应等级的湿地水质污染物质量浓度达标标准。

3. 生态水文数据驱动法

综合考虑湿地生态与湿地水文的方法称为生态水文法，生态水文法包括曲线相关法、生态水位法以及生态水面法等。

（1）曲线相关法。崔保山等（2005）针对湖泊湿地提出了"曲线相关法"。该方法的基本思想是利用历史数据，建立湿地水量与相应的生态指标的关系曲线图，在此关系曲线图上，认为曲线拐点处的水量所对应的湖泊生态功能发生了显著变化，拐点处的水量应认为是为维持湖泊生态系统的动态平衡所需要的最小水量。针对具体湿地而言，选取的水文指标和生态指标可能有所不同。

（2）生态水位法。衷平等（2005）对生态水文法进行了进一步研究，提出生态水文法实质上是生态学和水文学相结合的一种方法，其水文参数可以是水量、流速、水位等。而生态水位法根据湿地自身的特点，采用水位作为水文参数，将生态水文法进一步细化和实用化。生态水位法主要从湿地的水文条件出发，通过对其长序列的水文资料分析，寻求该湿地较适宜的水文条件，一般指多年来出现频率较高、较适宜湿地的水位，然后将其与生态环境状况进行对照分析。如果生态环境状况也相应较好，则可认为该湿地已经适应了其水文条件，并形成了动态的生态平衡，此时水位可以近似认为是其多年平均理想生态水位标准，如果生态环境状况较差，并在水量减少的情况下不断恶化，则近似认为是其最小生态水位标准。生态水位法是对水文和生态资料进行定性和定量分析，并将其应用到生态环境需水量计算的一种方法。具体方法为首先选择出历史上出现频率高的水位，找出这些水位对应的年份，分析这些年份的生态状况，以生态状况最好的年份水位作为理想需水标准，以生态状况最差的年份水位作为最小需水标准，并与多年平均水位相比计算最小和理想生态水位系数，将生态水位系数乘以多年来各月的平均水位，得到逐月的生态水位。

（3）生态水面法。周林飞等（2007）在研究扎龙湿地生态需水量时，提出了生态水面法，该方法利用数理统计方法对湿地长序列的水面面积数据进行分析，并认为高频率出现的水面面积，是湿地在长期过程中已经适应了的，可近似认为其是生态系统较能接受的水量。在高频数据中，进行生态系统健康状况的对比分析，把生态系统健康状况最好的年份定为理想生态环境需水量的标准，生态系统健康状况较差处于生物完整性遭受破坏的临界点的年份定为中等生态环境需水的标准，湿地最小生态水面面积必然包含在低频率的年份中，分析低频率中各年的生态状况，进而确定最小生态环境需水标准。

2.2.3 植被生态需水核算方法

对于植被生态需水量计算，专家学者根据植被类型及所处的气象、水文地质条件的不同，提出了不同的计算方法。每种方法都有优缺点及适用条件，使用时可视实际情况灵活选用（王启朝等，2008）。

1. 面积定额法

以某一地区某一类型植被的面积乘以其生态需水定额计算，得到该类型植被的生态需水量，各种类型植被的生态需水量总和即为所求的该地区植被生态需水总量。计算公式如下：

$$W = \sum W_i = \sum A_i \times r_i \qquad (2\text{-}10)$$

式中，W 为植被生态需水总量（m^3）；W_i 为植被类型 i 的生态需水量（m^3）；A_i 为植被类型 i

的面积（m^2）；r_i 为植被类型 i 的生态需水定额（m^3/m^2）。

该方法适用于基础工作较好的地区与植被类型，如防风固沙林、人工绿洲以及农田系统等人工植被的生态需水量的计算。用该方法计算的关键是要确定不同类型植被的耗水定额（廖轶群，2012）。事实上，由于影响植被耗水的因子非常多，各种自然条件下植被的耗水定额很难测定。

2. 潜水蒸发法

干旱区潜水蒸发量的大小直接影响植物生长的土壤水分状况，进而影响植被的实际蒸散发量。根据潜水蒸发量间接计算植被生态需水量的方法，是用某一植被类型在某一地下水位的面积乘以该地下水位的潜水蒸发量与植被系数，得到该面积下该植被生态需水量，各种植被生态需水量之和，即为该地区植被生态需水总量。计算公式为

$$W = \sum W_i = \sum A_i \times W_{gi} \times K \tag{2-11}$$

$$W_{gi} = a\left(1 - {h_i}/{h_{\max}}\right) b E_{601} \tag{2-12}$$

式中，W 为植被生态需水总量（m^3）；W_i 为植被类型 i 的生态需水量（m^3）；A_i 为植被类型 i 的面积（m^2）；W_{gi} 为植被类型 i 所处某一地下水位埋深时的潜水蒸发量（m^3）；K 为植被系数，是有植被地段的潜水蒸发量除以无植被地段的潜水蒸发量，常由试验确定；a、b 为经验系数；h_i 为地下水位的埋深（mm）；$h_{\max}$ 为潜水蒸发极限埋深（mm）；E_{601} 为 601 型蒸发皿水面蒸发量（m^3）。

潜水蒸发法主要适用于降水量稀少的干旱区，对于某些基础工作较差且蒸散模型参数获取困难的地区，可考虑采用此法估算天然植被生态需水量。由于研究区域、对象不同，参数取值也不同，计算结果会差别很大，但在实施流域水资源规划、水资源调配及管理、生态环境恢复重建时仍可用该法计算的结果作参考。

3. 改进后的彭曼公式法

改进后的彭曼公式法是指通过计算植物潜在蒸发量来推算植物实际需水量，并以植物实际需水量作为植被生态需水量（张远，2003；Zhao et al.，2019）。计算公式如下：

$$W_E = ET_0 \times K_C \times K_S \tag{2-13}$$

式中，W_E 为植物实际需水量（mm/d）；ET_0 为潜在蒸发量（mm/d），可采用改进后的彭曼公式计算；K_C 为植物系数，随植物种类、生长发育阶段而异，生育初期和末期较小，中期较大，一般通过试验取得；K_S 为土壤影响因素，反映土壤水分状况对植物蒸发量的影响。

一般用彭曼公式法计算的是在充分供水、供肥、无病虫害等理想条件下植物获得的需水量，即植被的最大需水量，并不是维持植物生长、不发生凋萎的生态需水量。该方法主要利用能量平衡原理，在理论上比较成熟完整，实际上具有很好的操作性。针对我国目前对植物特别是天然植物生态需水量计算方法研究还比较薄弱的实际情况，利用该方法可以近似计算植被生态需水量。

4. 基于遥感技术的计算方法

该方法是基于植被生长需水的区域分异规律，通过遥感手段、GIS 软件和实测资料相结合来计算植被生态需水量（郝博，2010）。利用遥感和 GIS 技术对研究区域进行生态分区，在空间上反映生态需水的分异规律，确定各级生态分区的面积，然后根据实测资料计算不同植被群落、不同盖度、不同地下水位埋深的植物蒸腾和潜水蒸发，从而求出该区的生态需水量。计算公式如下：

$$Q = \sum Q_i \tag{2-14}$$

$$Q_i = Q_{i1} + Q_{i2} \tag{2-15}$$

式中，Q 为区域总需水量（mm）；Q_i 为植被类型 i 的生态需水量（mm）；Q_{i1} 为植被类型 i 的植株蒸发量（mm）；Q_{i2} 为植被类型 i 的棵间潜水蒸发量（mm）。

2.3 生态需水整合研究进展

多时空尺度下的区域生态需水科学评估是保障生态系统多样性和完整性等生态功能的关键（郑红星等，2004；杨志峰等，2004；康玲等，2010），但是由于各类生态系统的需水内涵、特征及核算方法的不同，目前不同生态需水核算之间存在着一定的重叠。为了克服各类生态系统需水的重复及竞争用水条件下生态需水难以得到满足的困难，对区域不同类型的生态需水进行整合计算。

生态需水量整合计算模型提出的目的是保障河流生态系统的多样性和完整性，即将各生态子系统的生态需水量整合得到生态系统的生态需水总量。通常对生态基流、生物生态需水、自净生态需水、输沙需水和景观环境生态用水等需水类型进行分类，并按叠加原则或包络原则来核算整合生态需水总量。杨志峰等（2004）通过整合计算模型，在一定的水资源恢复的原则下，计算了海河流域河流生态需水量。金鑫等（2011）结合水库（群）生态调度实践需求，以分布式水文模拟技术为核心，考虑各类生态系统的生态需水规律及水力联系，构建了流域生态需水整合模型。徐静（2011）通过建立黄河口典型生物栖息地生态水文过程模型，并利用多目标整合生态需水分析方法，明确了黄河口不同时间尺度的生态需水量范围。张晓晓（2012）对漳卫南运河流域不同分区不同类型的生态需水进行整合，解决了不同生态分区之间及同类型生态系统满足不同生态功能的生态需水之间的重复计算问题。张远等（2017）在 Zhao 等（2017）提出的优势度模型的基础上，耦合生态系统的多物种生态流速核算了流域生态需水。杜玉春和马兴冠（2018）通过建立河流不同生态等级下的不同水期的生态需水量模型，厘清了浑河沈抚河段的生态等级与生态需水量间的定量关系。

近年来，河流生态流量阈值的确定主要以典型生物保护（鱼类、底栖生物、浮游生物等）或生态系统的结构性指标（栖息地指数、景观格局指数等）为目标（Poff et al.，1997；Arthington et al.，2018），从需水机理层面更深刻地解释流域生态需水规律和内涵，更精准地满足水生生态系统的水环境功能的需求。在这种情况下，确立科学的河流保护目标往往成为河流流量阈值确定与调控的关键（Baumgartner et al.，2014；Brown and Williams，2016）。然而，生态需水量之间存在部分程度的重叠计算，需对生态系统间的关系以及水循环的规律进行细化分析，避免生态需水量的重复计算；还需考虑河流的水文情势（流量过程）变化、沿河伴生湿地的生态保护以及生物栖息地的适宜性等多方面因素，增加所得到的生态需水量的实用价值，为维持和改善区域生态环境质量提供支撑。

2.4 湿地缺水生态风险研究进展

湿地生态系统作为陆地与水域的过渡带，在为人类提供物质资源和休闲娱乐场所的同时，还在维护生物多样性、调节区域气候等方面具有不可替代的作用。由于湿地生态系统的脆弱性，来水量的大小和稳定性直接影响整个湿地生态系统结构的稳定性（王有利，2012），因此，维持生态需水量成为保护湿地的关键手段之一。长期的洪水或干旱威胁着湿地植物的生长和生存（Glenn et al.，1998），并且伴随着对湿地资源开发利用的加剧，湿地的类型、数量及生态系统服务水平也发生着相应的变化（Finlayson et al.，2005；Bennett et al.，2009；Lu et al.，2014），这一系列改变必将影响并威胁区域的生态安全。

有关生态风险评价（ecological risk assessment，ERA）的研究起源于 20 世纪 80 年代，历经多年研究发展，评价风险源对生态系统造成危害的可能性及程度逐渐成为关注热点（许妍等，2012）。90 年代以来，"生态系统服务"的概念逐渐被确立和发展起来。欧阳志云等（1999）综合了生态学和经济学两个学科视角，将生态系统服务定义为：生态系统与生态过程所形成并维持的人类赖以生存的自然环境条件与效用（钟林生等，2021）。生态系统服务价值则是指生态系统通过直接或间接的方式提供的无形的或有形的资源的价值（谢高地等，2015）。在过去的 30 多年中，有关生态系统服务及其价值评估方面的研究是环境经济学和生态经济学领域中最重要和发展最快的研究之一（江波等，2011；Ouyang et al.，2016；Pascual et al.，2017）。生态系统服务能体现生态系统的整体性，其价值便于为决策提供支持，是理想条件下的生态风险评价的终点（Faber and Wensem，2012；康鹏等，2016）。近年来，以生态系统服务来评价生态风险的研究逐渐增多，包括土壤污染的生态风险评估（Thomsen et al.，2012）、景观生态风险评价（曹祺文等，2018；Lin et al.，2021）以及城市生态风险评价（Kang et al.，2018；欧阳晓等，2020）等，而对于湿地生态风险的关注，多集中在土地利用对生境质量的影响方面（包玉斌等，2015）。

基于湿地可利用水量（生态流量）变化的湿地生态风险分析为湿地水资源管理和生态保护提供了科学基础（Qin et al.，2011；Yang et al.，2013），缺水对湿地造成的生态风险越来越受到关注（Wang et al.，2009；Natale et al.，2010；Bai et al.，2011；Lawrie and Stretch，2012）。然而，目前基于生态系统服务价值的生态风险评价相关研究仍在起步阶段，有关风险表征方法的研究还很缺乏（刘长峰等，2021）。在研究对象上，多集中在经济较发达地区（城市群），对于经济落后的生态与气候过渡带的生态风险研究较少，基于多情景生态风险评估确定湿地缺水的生态风险研究相对较少。

第3章 研究区概况

3.1 研究区选择

黄河干流河道全长约 5464 km，流域面积约 79.5 万 km²。多年平均降水量约为 466 mm，在空间上呈现出从东南向西北递减的趋势。黄河源头至内蒙古托克托县河口镇为黄河上游，河道长约 3472 km，流域面积约 42.8 万 km²，占全河流域面积的 53.8%；河段内已建成龙羊峡、刘家峡、盐锅峡、八盘峡、青铜峡、三盛公等水电站及水利枢纽；该河段河道微有淤积，洪水主要来自兰州以上。河口镇至郑州桃花峪为黄河中游，河道长约 1206 km，流域面积约为 34.4 万 km²，占全流域面积的 43.3%（李剑锋等，2011）；黄河中游流经黄土高原，区间支流平均每年向干流输送泥沙 9 亿吨，占全河年输沙量的 56%，是黄河流域的主要暴雨区和黄河下游洪水的主要来源区。河南郑州桃花峪以下为黄河下游，河道长约 786 km，流域面积约 2.3 万 km²，汇入下游的支流较少。

黄河中游是黄河流域的主要暴雨和下游洪水的主要来源区，也是中国水土保持和退耕还林还草工程的重点区域。黄河中游龙门以下河段因主河道的游荡摆动以及汛期洪水漫滩作用，形成了特殊的洪漫滩湿地景观，拥有典型的陕西黄河湿地省级自然保护区和山西运城湿地自然保护区。黄河禹门口至潼关段河滩也是自 2000 年起开始实施的湿地生态补水的典型研究区。基于黄河中游脆弱的生态系统特殊性，选择黄河流域中游为研究区，研究对象包括中游坡高地陆面植被生态系统、中游干流河段以及黄河小北干流两岸的沿黄湿地（图 3-1）。

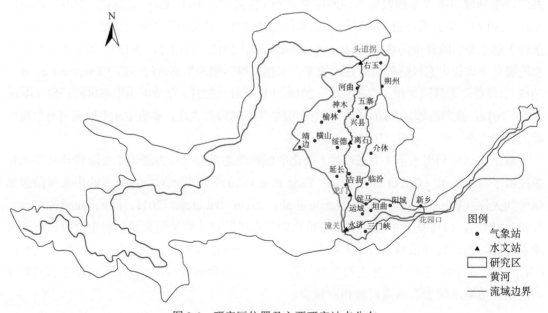

图 3-1 研究区位置及主要研究站点分布

3.2　自然环境概况

3.2.1　水文气象

研究区夏季水量较大,是河流的汛期;冬季河流结冰,水量少。河流流经黄土高原区,河流含沙量最大。中游干流龙门站的洪水主要来自吴堡以上,洪峰平均占 62.8%,洪量平均占 80%~84%。三门峡站的洪水主要来自龙门以上,洪峰平均占 74.2%,洪量平均占 75%~77%。

该区域属典型的大陆性半湿润半干旱气候,年平均气温为 4.5~14.9℃,年均降水量仅为 395.1 mm,年降水量时间分布很不均匀,集中在 6~9 月。年蒸发量在 700~1300 mm。黄河中游是国内湿度偏小的地区,平均水汽压不足 800 Pa,相对湿度约为 58%。日照时数平均为 2375 h,平均风速为 2.05 m/s。

2003~2014 年,黄河干流断面流量年际变化基本与降水量变化特征类似(图 3-2)。从喇嘛湾断面丰水期流量来看,2005 年最低,2007 年、2009 年流量也较小;2012 年流量最大,其次是 2013 年、2008 年流量。黄河干流流量年内变化明显,近 10 年监测数据表明丰水期平均流量为 581.77 m³/s,平水期平均流量为 206.24 m³/s。

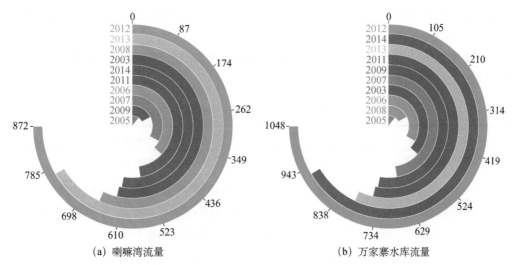

图 3-2　2003~2014 年黄河干流喇嘛湾、万家寨水库断面流量(丰水期)(单位:m³/s)

黄河沿岸地区降水量在空间分布上呈现出从内蒙古到陕西逐渐升高的特点(图 3-3),黄河东岸山西的离石、临汾降水量最小。陕西榆林、延长近 10 年的年降水量为 400 mm 左右,山西的离石、临汾年降水量为 100 mm 左右。

3.2.2　水质状况

根据 2012~2019 年《中国生态环境状况公报》统计结果发现,近年来,黄河中游水质呈好转趋势,但水质问题仍较为突出。2012~2019 年,黄河中游地表水Ⅰ~Ⅱ类水质断面

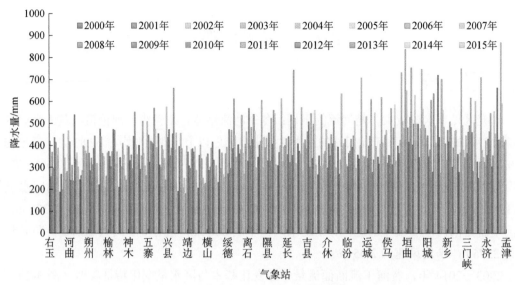

图 3-3　2000～2015 年黄河中游各气象站点降水量年际变化

比例呈上升趋势，而Ⅲ及Ⅳ类水质总体呈下降态势，未测得Ⅴ类及劣Ⅴ类水质。总体来看，黄河流域干流水质相对较为理想。

黄河中游地区尤其是陕西和山西两省的煤矿企业较多，导致水环境恶化（吕振豫和穆建新，2017），主要污染物包括全盐量、氨氮、化学需氧量（COD）、氟化物、挥发酚、石油类以及氰化物等。河津大桥、潼关吊桥两个断面水污染严重，主要受地区工农业发展废污水和城镇生活污水过度排放的影响（表 3-1）。

表 3-1　黄河中游不同断面综合水质情况及污染来源

代表断面	综合情况	污染来源
头道拐、喇嘛湾	中等	工业废水（火力发电）、城镇生活污水
万家寨水库	中等	工业（炼焦、金属加工）、城镇生活污水
龙门	中等	工业废水（炼焦、铝冶炼、煤化工）、城镇生活污水
河津大桥	差	工业废污水、城镇生活污水
潼关吊桥	差	工业废水、农业面源污染、城镇生活污水

3.2.3　湿地

近年来，由于乱垦滥猎、水土流失、河道整治工程和人工养殖等人为干扰，黄河中游湿地面积减少，现存的湿地生态系统的结构、功能和效益不断下降（退化）。黄河中游湿地的生态退化和生物多样性下降，严重威胁着湿地生态系统的组成、性质、生存和发展（郭东罡等，2011）。

黄河中游重要的湿地保护区包括陕西黄河湿地省级自然保护区和山西运城湿地自然保

护区等。其中，陕西黄河湿地省级自然保护区是黄河中游河段干流最大的湿地之一，主要由河流水面、河心洲、滩涂、洪泛平原及少量阶地组成，南北长 132.5 km，东西宽大多在 4 km 以上，湿地总面积 45950 hm²，其中核心区面积约 18209 hm²，该区域的保护对象以湿地生态系统和珍禽鸟类为主。山西运城湿地自然保护区，包括河津、万荣、临猗、永济、芮城等 8 县（市）沿黄河滩涂、水域等，总面积为 79830 hm²，是我国北方珍稀鸟类主要越冬地。此外，黄河中游较大的湿地还有洽川湿地和连伯滩湿地，湿地景观用水的关键季节为每年的 3～10 月。以山西万荣连伯滩湿地为例，河段全长 24 km，主要包括河流水面、河漫滩和河心洲等，面积约 22400 hm²。

3.2.4 植被覆盖

黄河中游是我国退耕还林/还草工程（grain for green project，GGP）实施的重点区和典型区，该区域处于我国半干旱与半湿润气候带的过渡带，其水土流失和洪水灾害较为严重。黄土高原退耕还林工程实施后植被密度发生了显著变化（图 3-4），原来的植被较稀疏，而工程实施之后的植被覆盖度显著增大。

(a)　　　　　　　　　　　　　　　　　　(b)

图 3-4　黄土高原退耕还林工程实施前（a）、后（b）植被状况

资料来源：仝小林. 退耕还林：还林美山川. 中国经济网. http://www.ce.cn/xwzx/gnsz/gdxw/201909/21/t20190921_33196655.shtml

张建梅等（2020）定量评估了该流域植被动态及其对径流的影响，研究发现，GGP 的实施改变了各植被类型的平衡状态和转化速度，植被变化是 2000～2010 年径流下降的主要因素。可见，由人类活动引起的植被变化，改变了植被群落的结构，影响植被冠层截留降水的特征，从而影响了植被蒸腾作用，造成陆面植被生态需水的变化。

3.3　研究区生物概况

3.3.1 鱼类组成和鱼类资源

鱼类一般处在河流生态系统生物链的顶端，且其具有较高的社会经济价值，常被选取作为河流生态健康的指示物种（Wang et al.，2017）。根据 2013～2015 年黄河水产研究所在黄河中游干流的渔业资源调查结果及黄河水资源保护科学研究所 2018～2019 年对黄河鱼类资源的调查监测结果（图 3-5），并结合国家有关部门划分的水产种质资源保护区的资料，同时遵循：①是重要土著鱼类；②在区系组成上具有一定代表性；③在生态习性上具有一定代表性；④目前在研究河段还有生存的个体或者种群，具有一定的可捕获性的原则，本节选取黄河鲤作为研究河段的代表性鱼类。

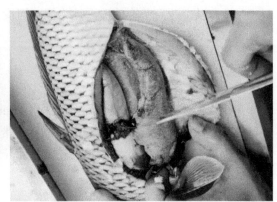

图 3-5　黄河鱼类现场调查（秦祥朝 摄）

其中，黄河鲤的生长环境因子包括：

（1）流速。最适流速为 0.2～0.5 m/s。流速过低，小于 0.2 m/s 时，影响鱼类的性腺发育和鱼卵的孵化；当流速大于 0.5 m/s 时，不利于黏性卵的附着，影响鱼类的繁殖。

（2）溶解氧。最适含量范围为 8～10 mg/L。低于 5 mg/L 时，不利于鱼卵的孵化；大于 15 mg/L 时，会导致鱼类产生一些疾病，从而影响鱼类繁殖。

（3）温度。繁殖季节的最适宜水温为 18～24℃。低于 18℃时，影响鱼类的性腺发育或者造成发育延迟；温度过高时会加快鱼类生长代谢，不利于鱼苗孵化繁殖。

（4）水深。最适水深为 50～125 cm，鱼类产卵一般都选在开阔的浅水区，这样利于白天水温的提升，缩短鱼卵孵化时间；水太深，温度提升较慢，会延长鱼卵孵化时间，造成生长缓慢等不利影响。

3.3.2　湿地鸟类与植被资源

黄河中游小北干流河段为游荡性河段，随着河床泥沙淤积和河流的摆动、水流侧渗和洪水漫滩等，存在较多的漫滩湿地，为鸟类和鱼类觅食、产卵和栖息提供了良好的生物生存条件（图 3-6 和图 3-7）。

根据 2016～2018 年陕西黄河湿地省级自然保护区管理处的调查数据（程铁锁等，2019），在候鸟越冬期间，陕西黄河湿地省级自然保护区鸟类数量最多时达 40 多万只（何冰等，2013）。有国家一级保护动物 6 种，分别为黑鹳、白鹳、丹顶鹤、大鸨、白肩雕、金雕；国家二级重点保护动物白琵鹭、灰鹤、大天鹅、鸳鸯、鸢等 15 种。主要野生植物群落包括芦

(a) 2011年7月　　　　　　　　　　　　　(b) 2018年7月

图 3-6　小北干流河段部分滩地湿地（赵芬 摄）

图 3-7　小北干流河段湿地植被状况（冷曼曼 摄）

苇群落和香蒲群落等，区内十多万亩（1 亩≈666.67m²）芦苇荡使滩涂湿地变成自然景观优美的绿洲。山西运城湿地自然保护区，具有鸟类、兽类、两栖爬行动物、植物和鱼类等丰富的动物资源，是我国北方主要的越冬停歇地之一。植物资源十分丰富，主要植被类型有稗草群落和芦苇群落等。

3.4　黄河中游典型区生态系统保护目标

基于对黄河河流生态系统特征、水文水资源特性及水环境状况的认识，黄河干流生态环境保护目标主要是为水生生物（鱼类为主）、河道湿地及河道水体功能提供必要的水文条件，不同河段的生态保护目标见表 3-2。其中，黄河中游干流河段包括头道拐至河曲段、龙门至潼关河段以及小浪底至夹河滩河段，中游河段的主要生态功能的定位为特有土著鱼类栖息地、珍稀鸟类生境、重要湿地保护以及河流廊道的维持等，各河段的生态保护需求主要为保证河道全年有水以及生态系统生境维持等，相对应的对河流水文条件需求则是一定水域和水面宽，有淹及岸边（嫩滩、河心滩）一定流量过程以保持土壤水分和保持河流廊道，还应有一定量级的洪水流量过程以保证河流输沙。

表 3-2 黄河重点河段重要生态保护对象与保护要求

段名称	名称	省（自治区）	生态功能定位（河流）	重要生态保护对象（涉水）	生态保护需求类型	敏感期	对应生态水文条件要求
安宁渡至青铜峡	下河沿	宁夏	特有土著及珍稀濒危鱼类重要栖息地	兰州鲇等及珍稀濒危鱼类及栖息地生境	全年有水、生境维持	5~6月	北方铜鱼等产卵要求水域为较激流型变化水体和洄游通道；兰州鲇产卵期有淹及岸边一定水面宽、产卵期有淹及岸边（嫩滩、河心滩）水草流量过程
头道拐至河曲	头道拐	内蒙古	特有土著鱼类栖息地及重要湿地保护	兰州鲇等黄河特有土著鱼类及栖息地生境	全年有水、生境维持	5~6月、7~9月	兰州鲇产卵水域为缓流型变化水体和一定水面宽、产卵期有淹及岸边（嫩滩、河心滩）水草流量过程
龙门至潼关	龙门	山西、陕西	特有土著鱼类栖息地及珍稀鸟类生境（重要湿地）保护	①黄河鲤等黄河特有土著鱼类及栖息地生境 ②河流及湿地珍稀保护鸟类栖息地	全年有水、生境维持	4~6月、7~9月	①黄河鲤产卵水域为缓流型变化水体和一定水面宽、产卵期有淹及岸边（嫩滩、河心滩）水草流量过程 ②黄河水系湿地植被较发芽期为3~6月，应有一定流量过程以保持土壤水分；生长期6~9月有一定量级的洪水过程
小浪底至花园口	花园口	河南	特有土著鱼类栖息地、河流生态廊道生境维护	①黄河鲤等黄河特有土著鱼类及栖息地生境 ②河流及湿地珍稀保护鸟类栖息地	全年有水、生境维持	4~6月、7~9月	①黄河鲤产卵水域为缓流型变化水体和一定水面宽、产卵期有淹及岸边（嫩滩、河心滩）水草流量过程 ②黄河水系湿地植被较发芽期为3~6月，应有一定流量过程以保持土壤水分；生长期6~9月有一定量级的洪水过程
利津以下入海口河段	利津	山东	特有土著鱼类栖息地及河流廊道维护	①黄河鲤等黄河特有土著鱼类及栖息地生境 ②过河口鱼类及洄游通道	全年有水、生境维持	4~6月、7~9月	①黄河鲤产卵水域为缓流型变化水体和一定水面宽、产卵期有淹及岸边（嫩滩、河心滩）水草流量过程 ②黄河刀鲚等河口洄游性鱼类产卵期洄游速要在1.3~2.5 m/s，需要一定距离洄游通道（河流廊道）

资料来源：连煜等，2011；黄锦辉等，2016。

基于对黄河河流、中游陆面植被与沿河湿地的生态系统特征、水文水资源特性及水环境状况的认识,确定了研究区生态环境保护目标:主要为陆面植被、水生生物(鱼类为主)、沿河湿地及河道水体功能等(表 3-3)。另外,黄河中游河口镇—龙门区间坡高地是水土流失防治的重要分区,生态保护需求是:坡改梯、造林、种草等植被种植维护为主题的水土流失综合防治体系建设。

表 3-3　黄河中游重要生态保护对象与保护要求

类型	生态功能定位	重要生态保护对象	生态保护需求类型	敏感期	对应生态水文条件要求
河流	特有土著鱼类栖息地生境保护	黄河鲤等黄河特有土著鱼类及栖息生境	全年有水、生境维持	4～6 月、7～10 月	黄河鲤产卵水域为缓流型变化水体和一定水面宽,产卵期时有淹及岸边(嫩滩、河心滩)水草流量过程;黄河水系河流植被发芽期为 3～6 月,应有一定流量过程用以保持土壤水分;6～9 月有一定量级的洪水过程
湿地	湿地珍稀鸟类栖息地生境保护	湿地珍稀保护鸟类栖息地	生境维持、提供觅食场所	3～10 月	湿地植被萌芽期为 3～6 月,应有一定流量过程用以保持土壤水分;6～9 月有一定量级的洪水过程

黄河中游干流和沿河湿地是黄河重要的生态保护系统,但存在着沿河湿地生态系统的生态需水得不到完全保障的现象。现存的生态需水问题主要包括:①人类对黄河水资源的过度取用以及干流上水库的建设,改变了黄河的水文情势,使得河流流速降低、流量减少、水体溶氧量降低,造成鱼类栖息地面积减少,最终导致鱼类死亡,河流生物多样性遭到破坏。②中游水土保持、退耕还林等工程的实施,使陆面植被景观格局发生剧烈变化,对陆面植被生态需水机理产生一定的影响。③水量调节导致洪峰削平,导致沿河湿地栖息地面积减小、湿地植物分布高程上移,湿地生态需水不能得到及时满足,造成一定的生态损失。

第4章 黄河中游干流水文气象演变特征分析

4.1 引 言

黄河流域降水量少而蒸发量大,径流受大气降水的影响较大(张洪波,2009)。黄河中游河道长占全河总长的22.1%,但流域面积却占流域总面积的43.3%,汇入支流众多,面积增长率为285 km²/km,是全河段平均值的2.07倍;黄河中游流经黄土高原,由于该地段土质疏松,沟壑纵横,植被覆盖率低,在大强度暴雨的冲击下,会产生强烈的土壤侵蚀,因此,形成的洪水具有洪峰高、含沙量大的特点。

本章选择了1951～2015年黄河中游干流的3个水文站点(头道拐、龙门站和潼关站)的径流量数据,采用MK趋势和突变分析方法,分析了径流量时间变化趋势,并确定了径流突变年份和起始年份,并与相关研究(李春晖等,2009;王怀柏等,2011;李二辉等,2014)的结果作比较,进而剖析了黄河中游径流量的整体变化趋势和变化特征;选取龙门站(1951～2015年)为代表水文站,根据其日尺度实测径流数据,分析黄河中游干流的生态水文变化流量特征及演变规律;基于1951～2015年黄河中游典型区24个气象站点数据,采用MK趋势检验法,分析黄河中游典型区降水和潜在蒸散发量变化趋势。

4.2 黄河中游典型区水文气象动态演变分析方法

4.2.1 MK趋势和突变检验方法

1. 趋势性分析

MK趋势检验法是一种基于秩次的非参数统计的检验方法,对样本点的分布要求较低,异常值对其干扰较小(Hamed,2008;孙晓懿等,2010;张洪波等,2011)。该方法广泛应用于水文、气象时间序列的趋验,如气温(张建云和王国庆,2007;Dennison et al.,2014;Rahman and Dawood,2017)、降水(Westra et al.,2013;Zhu et al.,2016;李彬,2018)、径流(Buendia et al.,2016;袁玉洁,2017)等要素。具体步骤如下:

假设一个平稳序列为X_t,$t=1,2,3,\cdots,n$,n为序列长度(即n个样本量)。MK检验统计量S定义为(吴昊,2018)

$$S = \sum_{i=1}^{n-1} \sum_{j=1}^{n} \mathrm{sgn}(x_j - x_i) \tag{4-1}$$

式中，x_i 和 x_j 分别为第 i 个和第 j 个变量（$j > i$）；sgn 为符号函数，其定义为

$$\mathrm{sgn}(x_j - x_i) = \begin{cases} +1 & x_j > x_i \\ 0 & x_j = x_i \\ -1 & x_j < x_i \end{cases} \tag{4-2}$$

当 $n \geqslant 10$ 时，统计量 S 近似服从正态分布（Kendall，1970；张洪波，2009；吴昊，2018），S 的方差为

$$\mathrm{Var}(S) = \frac{n(n-1)(2n+5) - \sum_{k=1}^{m} t_k(t_k - 1)(2t_k + 5)}{18} \tag{4-3}$$

式中，m 为时间序列中相同的值出现的数量；t_k 为同一个值 k 出现的次数。

本书借助正态分布检验统计量 Z 来判断趋势分析的显著性，公式为

$$Z = \begin{cases} \dfrac{S-1}{\sqrt{\mathrm{Var}(S)}} & S > 0 \\[2mm] 0 & S = 0 \\[2mm] \dfrac{S+1}{\sqrt{\mathrm{Var}(S)}} & S < 0 \end{cases} \tag{4-4}$$

$Z > 0$ 表示增加趋势，反之则为减少趋势。本书在 $\alpha = 5\%$ 即 $|Z| \geqslant 1.64$ 水平进行相关计算。

2. 突变性分析

MK 突变检验可以识别序列的突变时间，通过构造序列：

$$S_k = \sum_{i=1}^{k} \sum_{j=1}^{i-1} r_{ij} \quad k = 2,3,4,\cdots,n \tag{4-5}$$

$$r_{ij} = \begin{cases} 1 & x_i > x_j \\ 0 & x_i \leqslant x_j \end{cases} \tag{4-6}$$

定义统计变量 UF_k：

$$\mathrm{UF}_k = \frac{|S_k - E(S_k)|}{\sqrt{\mathrm{Var}(S_k)}} \quad k = 1,2,3,\cdots,n \tag{4-7}$$

式中，$E(S_k)$ 表示 S_k 期望值，$E(S_k) = \dfrac{k(k+1)}{4}$；$\mathrm{Var}(S_k)$ 表示 S_k 方差，$\mathrm{Var}(S_k) = \dfrac{k(k-1)(2k+5)}{72}$。

给定显著性水平 α，若 $|\mathrm{UF}_k| > U_\alpha$，则表明序列存在明显的趋势变化；若 UF_k 值大于 0，说明序列呈上升趋势，反之，呈下降趋势。

将时间序列 x 按逆序排列，重复上式计算过程，使 $\mathrm{UB}_k = -\mathrm{UF}_k, k = 2,3,4,\cdots,n$，$\mathrm{UB}_k = 0$。

通过分析统计序列 UB_k 和 UF_k 可以进一步分析序列的变化趋势。如果 UB_k 和 UF_k 两曲线出现交点，且在临界直线之间，那么该点对应时刻就是突变开始的时刻。本书选取 α =0.05，此时 $|U_{0.05}| = 1.96$。

4.2.2 年径流量的变差系数

均方差与数学期望的比值称为变差系数（C_v），C_v 是水文统计中的一个重要参数，用来表征水文变量变化的稳定程度。值越大则说明变量变化越剧烈，值小则平缓稳定（张洪波，2009；孙晓懿等，2010）。公式如下：

$$C_v = \frac{\sigma}{x} = \frac{\sqrt{\frac{1}{n-1}\sum(x_i - \bar{x})^2}}{\bar{x}} \tag{4-8}$$

式中，x_i 为第 i 年径流量；$\bar{x}$ 为径流量多年平均值。

年径流量的 C_v 值反映年径流量的离散程度，C_v 值大，年径流的年际变化剧烈，不利于水利资源的利用；C_v 值小，则有利于径流资源的利用。该值的大小不仅与降水量的变化、流域形状、集水面积有关，还与河网的分布、计算时段的长短等有关。

4.2.3 径流年内分配不均匀系数

径流的年内分配不均匀性对水利工程的运行方式有直接影响。径流年内分配不均匀系数（C_{vy}）是分配不均匀程度的一个综合性指标，可应用于多种性质的时间序列的分析研究（张洪波，2009；陆建宇等，2015）。其计算公式为

$$C_{vy} = \frac{\sigma}{\bar{r}} = \left[\frac{\sum_{i=1}^{12}(r_i - \bar{r})^2}{12}\right]^{\frac{1}{2}} \tag{4-9}$$

式中，r_i 为第 i 个月径流量；$\bar{r}$ 为月平均径流量。C_{vy} 越大，表明各月径流量相差越大。

4.3 黄河中游径流动态演变特征

基于 1951～2015 年黄河干流的头道拐、龙门和潼关站月、年尺度径流资料及龙门站的日尺度实测径流资料，分析黄河中游的生态水文要素变化特征及演变规律。

4.3.1 径流年际变化特征

1. 趋势和突变分析

本书采用 MK 检验法逐一检验分析黄河不同水文站点的年径流变化过程，并统计相应的参数，探讨黄河径流量的长期变化趋势及生态水文系统的演变规律。黄河中游干流各水文站点年径流变化过程如图 4-1～图 4-3 及表 4-1 所示。

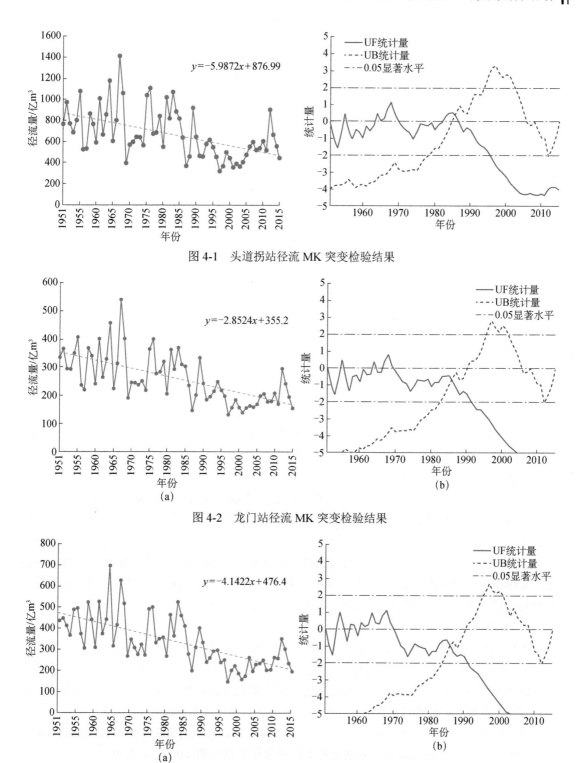

图 4-1　头道拐站径流 MK 突变检验结果

图 4-2　龙门站径流 MK 突变检验结果

图 4-3　潼关站径流 MK 突变检验结果

表 4-1　1951～2015 年头道拐、龙门、潼关站径流统计结果

指标	头道拐	龙门	潼关
年均径流量/亿 m³	212.9	258.5	336.1
平均流量/（m³/s）	675	819	1065
C_v	0.36	0.34	0.36
C_s	1.08	1.01	0.92
Z 值	−4.0026	−5.367	−5.8142
趋势	下降	下降	下降
显著性（P<0.05）	是	是	是
突变年份	1985	1985	1986
突变年后的线性倾向值/（亿 m³/a）	1.98	2.65	2.72
突变年前的线性倾向值/（亿 m³/a）	1.36	1.79	1.04
上升或下降转换的年份	1970 年	1969 年	1970 年

1）头道拐站

河口镇是黄河上中游的分界站，是反映黄河上游人类活动对中下游水文情势影响的关键站点。1951～2015 年，头道拐站年均径流量为 212.9 亿 m³，年径流量最大值和最小值分别出现在 1967 年和 1997 年，分别是 1410 亿 m³ 和 323 亿 m³，两者相差 1087 亿 m³；年径流最大值分别是年径流最小值和多年平均值的 4.37 倍和 2.08 倍。

通过 MK 分析，得到头道拐站的趋势检验统计数据，从头道拐站的年流量过程线图 4-1 和统计结果表 4-1 可知，头道拐站径流量总体呈减少趋势，且满足 95% 的显著性检验。头道拐站实测年径流量变幅较大，整体呈 2.53 亿 m³/a 下降趋势。头道拐站径流量在 1985 年发生突变，突变前（1951～1985 年）年均径流量为 254 亿 m³，突变后（1986～2015 年）年均径流量为 165 亿 m³。从 UF>0 与 UF<0 转换时间及突变年份看，径流量变化大体可分为三个阶段：第一阶段是 1951～1970 年，年均径流量为 255 亿 m³，平均流量为 809 m³/s；第二阶段是 1971～1985 年，年均径流量为 252 亿 m³，平均流量为 799 m³/s；第三阶段是 1986～2015 年，年均径流量为 165 亿 m³，平均流量为 524 m³/s。整体上看，随着时间的推移，径流量呈减少的趋势，主要与全球气候变化和上游河段大量引水有关。

2）龙门站

龙门站位于秦晋大峡谷的陕西省韩城市龙门镇禹门口，距河口 1269 km，距上游壶口 65 km。龙门站是黄河中游洪峰编号站、国家重要水文站和黄河重点报汛站，为三门峡水库和小浪底水库调度运用、黄河防汛、水量调度、重大治黄试验研究、国民经济建设提供重要水情，是积累重要水文资料的关键站点。1951～2015 年，龙门站年均径流量为 258.5 亿 m³。年径流量最大值和最小值同样也分别出现在 1967 年和 1997 年，分别为 539.4 亿 m³ 和 132.7 亿 m³，相差 406.7 亿 m³。年径流最大值分别是最小值和多年平均值的 4.06 倍和 2.09 倍。

通过 MK 分析，获得龙门站的趋势检验统计数据，从图 4-2 和表 4-1 可知，龙门站径流量总体呈减少趋势，且满足 95% 的显著性检验。龙门站年径流量整体呈 2.62 亿 m³/a 下降趋势，其中在 1985 年发生突变，突变前（1950～1985 年）年均径流量为 312 亿 m³，突变后

（1986～2015 年）年均径流量为 196 亿 m³。从 UF>0 与 UF<0 转换时间及突变年份看，径流量变化可分为三个阶段：第一阶段是 1951～1970 年，年均径流量为 328 亿 m³，平均流量为 1028 m³/s；第二阶段是 1971～1985 年，年均径流量为 296 亿 m³，平均流量为 939 m³/s；第三阶段是 1986～2015 年，年均径流量 196 亿 m³，平均流量为 620 m³/s。整体上径流量呈现波动性减小的趋势，主要受上游河段大量引水以及水库联合调度的影响。

3）潼关站

1951～2015 年，潼关站年均径流量为 336.1 亿 m³，年径流量最大值（699.3 亿 m³）和最小值（149.4 亿 m³）分别出现在 1964 年和 1997 年，两者相差 549.9 亿 m³。年径流最大值是多年平均值的 2.08 倍，最小值的 4.68 倍。

通过 MK 分析，本章获得潼关站的径流趋势检验统计数据，由图 4-3 和表 4-1 可知，潼关站径流总体呈减少趋势，且满足 95%的显著性检验。潼关站年径流量整体呈 3.3 亿 m³/a 下降趋势。潼关站径流量在 1985 年发生突变，突变前（1951～1985 年）年均径流量为 413 亿 m³，突变后（1986～2015 年）年均径流量为 246 亿 m³。从 UF>0 与 UF<0 转换时间及突变年份，可以看出，径流量变化可分为三个阶段：第一阶段是 1951～1970 年，年均径流量为 436 亿 m³，平均流量为 1383 m³/s；第二阶段是 1971～1985 年，年均径流量为 382 亿 m³，平均流量为 1210 m³/s；第三阶段是 1986～2015 年，年均径流量为 246 亿 m³，平均流量为 781 m³/s。

龙门站的流量变化幅度较头道拐站和潼关站更为剧烈，尤其是在 1986～2015 年（表 4-2）。变差系数在 1986 年龙刘水库联调后呈大幅增加的趋势，说明上游人类活动引起了龙门站相对剧烈的径流量变化，这种变化严重影响了河流生态系统的稳定性。

表 4-2　不同时间段头道拐、龙门、潼关站径流变化特征

时间段	头道拐			龙门			潼关		
	平均值/亿 m³	极值比	C_v	平均值/亿 m³	极值比	C_v	平均值/亿 m³	极值比	C_v
1951～1970 年	255	3.56	0.31	328	2.81	0.27	436	2.6	0.25
1971～1985 年	252	2.01	0.24	296	1.94	0.19	382	1.96	0.23
1986～2015 年	165	2.86	0.27	196	2.52	0.23	246	2.67	0.23

与前期相比，中游的年平均降水量减少了 5.8%，导致黄河中游径流量减少了 54.0%，降水下降幅度与径流量下降幅度不匹配（李春晖等，2009；王怀柏等，2011；李二辉等，2014），说明径流量的减少不仅是由降水量的减少引起的，还可能受人类活动的影响。近年来，水土保持和退耕还林等措施的大规模实施，改变了中游下垫面条件，从而改变了降水与径流的关系。

2. 年际丰枯变化分析

黄河中游径流量的变化具有明显的阶段性。根据黄河中游 3 个站点的径流量距平累积曲线（图 4-4～图 4-6），1951～1968 年，以正距平为主，且正距平的数值大于负距平，径流量较大，累积距平迅速上升；1969～1989 年，负距平出现的次数和正距平的次数相差不大，累积距平呈波动性上升的趋势；1990 年以后，径流量除 2012 年之外全为负距平，因此，累积距平不断下降，径流量逐渐变小。

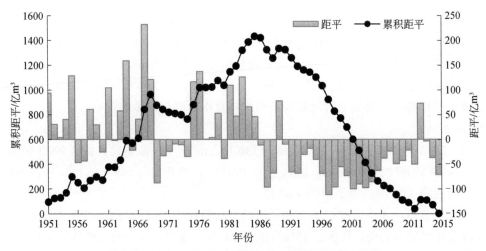

图 4-4　1951～2015 年头道拐站年径流量距平累积变化

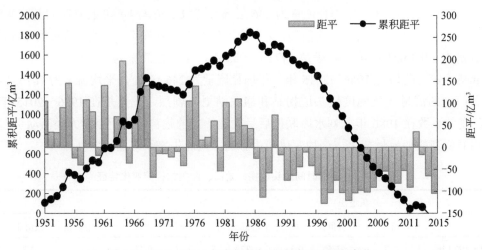

图 4-5　1951～2015 年龙门站年径流量距平累积变化

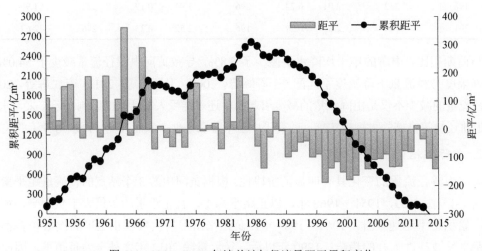

图 4-6　1951～2015 年潼关站年径流量距平累积变化

　　按照连续出现 5 年以上的径流量距平的变化趋势（穆兴民等，2003），可将研究区径流量变化过程划分为丰、枯两个阶段，各阶段径流量统计特征见表 4-3。3 个站点的第 1 个枯水期发生时间同为 1990~2011 年，经计算，头道拐、龙门和潼关 3 个站点 1990~2011 年的径流量相对于多年平均（1951~2015 年）径流量分别减少 27%、28% 和 29%，变差系数处于 0.22~0.24，说明黄河中游 3 个站点在枯水期径流量变化水平相当。枯水期的开始时间与中游大规模水土保持工程的实施时间相呼应，大规模植树造林、修建梯田和淤地坝，很大程度上改变了地表径流的汇水过程，从而影响黄河的径流量。

表 4-3　1951~2015 年黄河中游干流不同站点径流量阶段性特征

阶段	头道拐			龙门			潼关		
	特征	均值/亿 m³	C_v	特征	均值/亿 m³	C_v	特征	均值/亿 m³	C_v
1951~1956 年	丰水期	266.7	0.32	丰水期	336.5	0.30	丰水期	454.5	0.29
1990~2015 年	枯水期	154.0	0.19	枯水期	184.7	0.17	枯水期	232.5	0.20

4.3.2　径流年内分配特征

　　径流的年内分配特征相对于其他时间尺度而言，蕴含了更详细的生命周期讯号和信息，更能反映鱼类产卵、繁殖以及幼鱼生长等所需要的生态流量过程。黄河中游径流主要集中在 6~10 月，该时段实测径流量占年径流量的 50% 以上，最高达 73%（王怀柏等，2011）。头道拐站年内径流季节分配受到宁蒙灌区引水工程的影响。由图 4-7~图 4-9 可知，5 月、6 月由于大量的水资源被上游灌区引走，导致径流量骤减，这对中游黄土高原生态脆弱区的生态恢复是十分不利的。2001 年干流水库联合运行后，调蓄与补偿径流的能力增强，5 月、6 月的径流量有所回升。

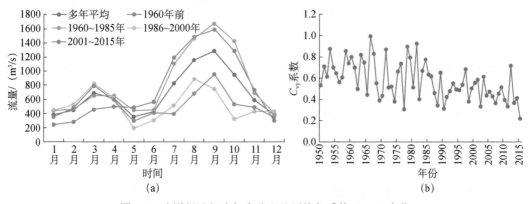

图 4-7　头道拐站径流年内分配及不均匀系数（C_{vy}）变化

　　三门峡水库建成运行以后，潼关站汛期来水趋于平缓，峰值明显降低。1986 年龙羊峡水库投入运行，拦蓄洪水以备枯水期补水，进而导致中游各站汛期及汛后水量大幅消落。2000 年，万家寨水库投入使用以后，10 月龙门站、潼关站水量有所上升；万家寨和小浪底水库运行后，龙门和潼关站不均匀系数有所降低，但幅度很小（表 4-4）。

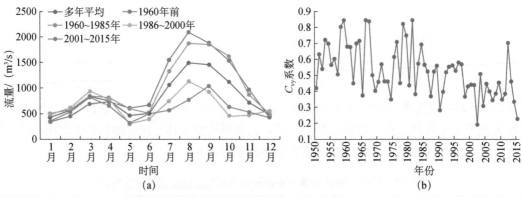

图 4-8 龙门站径流年内分配及不均匀系数（C_{vy}）变化

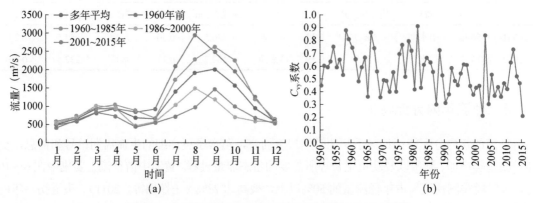

图 4-9 潼关站径流年内分配及不均匀系数（C_{vy}）变化

表 4-4 黄河中游不同站点年内分配系数（C_{vy}）特征

时间段	头道拐	龙门	潼关
1950~1960 年	0.69	0.64	0.66
1961~1974 年	0.62	0.56	0.54
1975~1985 年	0.66	0.62	0.65
1986~2000 年	0.50	0.48	0.49
2001~2015 年	0.44	0.40	0.46
多年平均	0.57	0.53	0.55

注：因数值修约存在进舍误差。

依据河流生物的生命发育周期、降水以及生态保护要求，将一年 12 个月划分成 4 个生态水文期，包括产卵期（4~6 月）、汛期（7~10 月）、生长期（11 月和 3 月）、越冬期（12 月至次年 2 月）（黄锦辉等，2016；尚文绣等，2020）。头道拐、龙门和潼关生态水文期的多年平均流量见表 4-5。头道拐、龙门和潼关产卵期多年平均流量分别为 459.9 m³/s、567.2 m³/s 和 751.3 m³/s，见图 4-10；产卵期最大流量分别为 1074.3 m³/s（1967 年）、1173.7 m³/s（1967 年）和 1630 m³/s（1964 年）；产卵期最小流量分别为 154.1 m³/s（2003 年）、250.7 m³/s（1997

年）和 315.7 m³/s（2001 年）。

表 4-5　黄河中游不同站点各生态水文期流量特征　　　　（单位：m³/s）

项目	头道拐	龙门	潼关
产卵期	459.9	567.2	751.3
汛期	1051.3	1275.6	1718.1
生长期	639.2	769.1	934.8
越冬期	408.2	489.5	585.7
年最大流量	5420（1967-09-19）	21000（1967-08-11）	15400（1977-08-06）
年最小流量	6.30（1997-06-25）	32.90（2001-07-20）	1.36（2001-07-22）

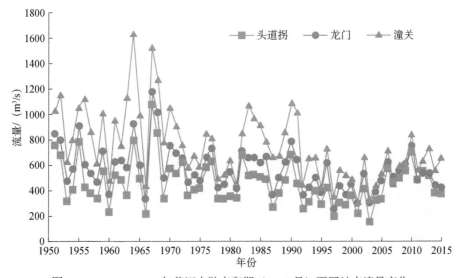

图 4-10　1951～2015 年黄河中游产卵期（4～6 月）不同站点流量变化

1951～2015 年，头道拐、龙门和潼关汛期多年平均流量分别为 1051.3 m³/s、1275.6 m³/s 和 1718.1 m³/s（表 4-5 和图 4-11）；头道拐、龙门和潼关汛期最大流量分别为 2817.5 m³/s（1967 年）、3470 m³/s（1967 年）和 4120 m³/s（1964 年）；头道拐、龙门和潼关汛期最小流量分别为 309.8 m³/s（2002 年）、418.8 m³/s（1991 年）和 523.8 m³/s（1997 年）。

1951～2015 年，头道拐、龙门和潼关生长期多年平均流量分别为 639.2 m³/s、769.1 m³/s 和 934.8 m³/s（表 4-5 和图 4-12）；头道拐、龙门和潼关生长期最大流量分别为 967.5 m³/s（1961 年）、1259 m³/s（1961 年）和 1691 m³/s（1961 年）；头道拐、龙门和潼关生长期最小流量分别为 391 m³/s（1957 年）、439 m³/s（1988 年）和 542.5 m³/s（2002 年）。

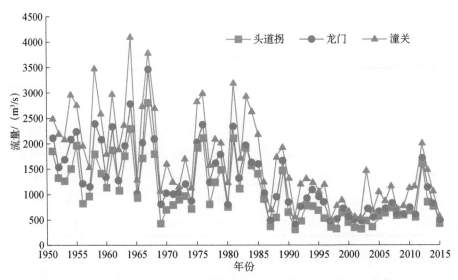

图 4-11　1951～2015 年黄河中游汛期（7～10 月）不同站点流量变化

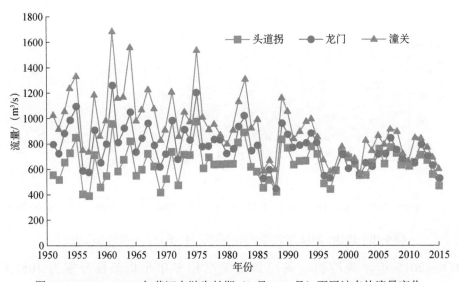

图 4-12　1951～2015 年黄河中游生长期（3 月、11 月）不同站点的流量变化

1951～2015 年，头道拐、龙门和潼关越冬期多年平均流量分别为 408.2 m³/s、489.5 m³/s 和 585.7 m³/s（表 4-5 和图 4-13），头道拐、龙门和潼关越冬期的最大流量分别为 695 m³/s（1989 年）、784 m³/s（1989 年）和 906.7 m³/s（1968 年）；头道拐、龙门和潼关越冬期最小流量分别为 204.3 m³/s（1957 年）、310 m³/s（2005 年）和 367.3 m³/s（1960 年）。

水文极值流量发生的时间是水生生物进入新生命周期的信号，其改变将会干扰水生生物正常的生命周期。如表 4-5 所示，头道拐站年最大流量为 5420 m³/s，发生在 1967 年 9 月 19 日，年最小流量为 6.30 m³/s，发生在 1997 年 6 月 25 日；龙门站年最大流量为 21000 m³/s，发生在 1967 年 8 月 11 日，年最小流量为 32.90 m³/s，发生在 2001 年 7 月 20 日；潼关站年最大流量为 15400 m³/s，发生在 1977 年 8 月 6 日，年最小流量为 1.36 m³/s，发生在 2001 年 7 月 22 日。年最大流量大多发生在汛期，与降水量增加有关。

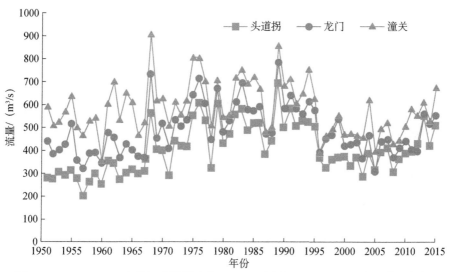

图 4-13　1951～2015 年黄河中游越冬期（12 月至次年 2 月）不同站点的流量变化

4.3.3　脉冲流量及洪水变化特征

1. 脉冲流量特征分析

高、低脉冲流量可直接驱动河流廊道的生态过程。例如，高脉冲流量可以将河道与漫滩、高地连通，为漫滩植被和其他生物提供营养物质，并通过塑造漫滩形态为生物提供不同的栖息地，从而影响生物多样性；而低脉冲流量则主要影响一些代表性生物的生存。黄河干流水库的联合调度往往会改变高、低脉冲流量发生的时间和规模，从而威胁水生生物的正常生存。

4～6 月为河流鱼类产卵期，也称生态敏感期。头道拐站 1990 年、2000 年、2015 年的日平均流量过程表明，流量脉冲主要集中在 4 月中旬和 5 月中下旬到 6 月上旬（图 4-14）。龙门站 1990 年、2000 年、2015 年的日平均流量过程表明，流量脉冲主要集中在 4 月上旬和5 月中下旬（图 4-15）。潼关站 1990 年、2000 年、2015 年的日平均流量过程表明，流量脉冲主要集中在 4 月下旬和 5 月中下旬（图 4-16）。

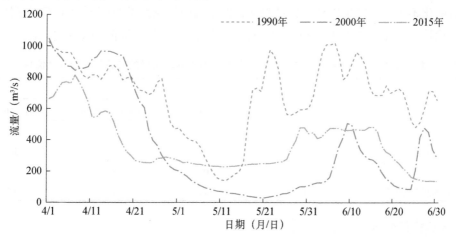

图 4-14　黄河中游头道拐站典型年产卵期流量过程线

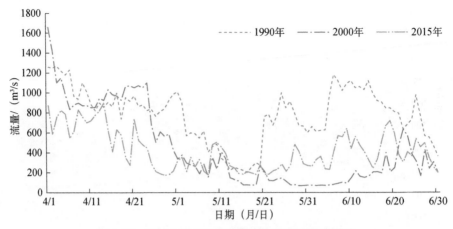

图 4-15　黄河中游龙门站典型年产卵期流量过程线

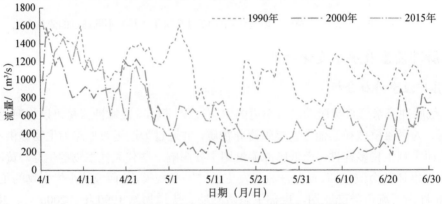

图 4-16　黄河中游潼关站典型年产卵期流量过程线

基于 1960～2015 年龙门站的实测日径流数据统计发现，龙门站的低脉冲流量发生历时整体上呈先下降后上升的趋势，1985 年以后发生次数上升较快（表 4-6），但持续天数呈现明显减少的趋势。高流量的发生历时在 1985 年之前比较稳定，1985 年之后明显减少，平均持续天数变化不大，但发生次数呈锐减趋势，发生高流量脉冲的时间的比重不断降低，这对营养物质输移、河滩生境的维持和生物多样性的保护是非常不利的（张洪波等，2011）。

表 4-6　1960～2015 年黄河中游龙门站脉冲流量不同时间段的次数与天数统计信息

脉冲信息	时间段			
	1960～1975 年	1976～1985 年	1986～2000 年	2001～2015 年
低流量脉冲平均次数/次	7.42	6.92	12	19
低流量脉冲平均天数/d	7	6	3.7	3.4
高流量脉冲平均次数/次	10.4	10	9.1	3.5
高流量脉冲平均天数/d	4.9	3.83	3.1	3.1

2. 洪水特征分析

洪水过程对于维持河流及洪泛区的生物种群结构和物理特性具有重要意义，同时也为流域内的湖泊湿地补充了一定的水资源和营养物质。7～10月为黄河干流洪水频发的主要时间段，具有起涨快、洪峰跨度时间长、分布不集中的特征。黄河中游流经黄土高原，是黄河流域的暴雨集中地段和黄河下游洪水的主要来源区域。黄河中游三门峡至花园口区间暴雨多发生在7月，河口镇至龙门区间暴雨则多发生在8月。河口镇至三门峡区间，单次暴雨历时一般小于24h。因此，中游洪水基本上集中发生在7月中旬至8月中旬期间。洪水历时一般为2～5d，洪水过程线多为涨落迅猛的尖瘦型（刘建平，2017）。由于大强度暴雨的冲击，研究区土壤侵蚀强烈（图4-17），使得洪水挟带大量泥沙。

图 4-17 黄河中游暴雨冲刷造成的土壤侵蚀（冷曼曼 摄）

1990～2015年的汛期（7～10月）日平均流量过程表明，头道拐汛期高流量主要发生在8月中旬到9月中下旬（图4-18）。龙门汛期高流量主要发生在7月上旬到9月上旬（图4-19），流量变化波动剧烈。潼关汛期高流量主要发生在7月中下旬到10月上旬（图4-20）。1990～2015年，头道拐站、龙门站和潼关站汛期最大流量分别为1690 m³/s（1990年8月21日）、5280 m³/s（1994年8月6日）和5630 m³/s（1996年8月11日）。

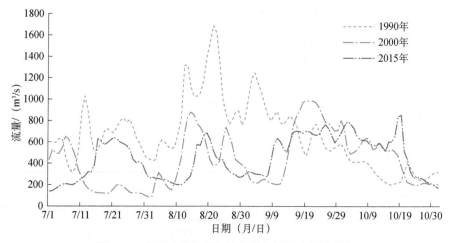

图 4-18 黄河中游头道拐站典型年汛期流量过程线

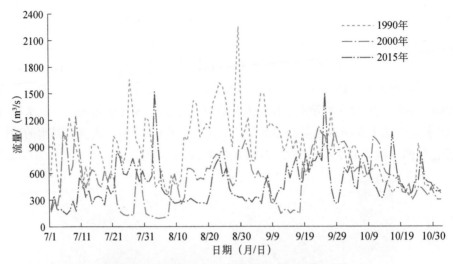

图 4-19 黄河中游龙门站典型年汛期流量过程线

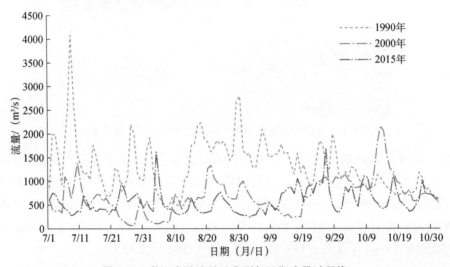

图 4-20 黄河中游潼关站典型年汛期流量过程线

龙门至潼关河段长约 128 km，河道宽 3～19 km，对来自龙门以上的洪水进行滞洪削峰，一般可削减 20%～30%（何毅，2016）。自三门峡水库建成运行之后，小北干流共出现 21 场明显的漫滩洪水过程（表 4-7），持续时间 10～32 d，平均持续时间为 17 d。从洪峰的削减情况看，最大削峰率为 73.3%，最小削峰率为 22.0%（1977 年"揭河底"冲刷除外），平均削峰率为 40.3%。

表 4-7 1960～2015 年小北干流漫滩洪水情况统计（李杨俊等，2018）

| 年份 | 龙门站 | | 潼关站 | | 平滩流量/ |
	日期	洪峰流量/（cm³/s）	日期	洪峰流量/（cm³/s）	（cm³/s）
1964	8 月 13 日	17300	8 月 14 日	12400	11000
1966	7 月 18 日	7460	7 月 19 日	5130	4000

续表

| 年份 | 龙门站 | | 潼关站 | | 平滩流量/（cm³/s） |
	日期	洪峰流量/（cm³/s）	日期	洪峰流量/（cm³/s）	
1966	7 月 26 日	9150	7 月 27 日	5020	4000
1966	7 月 29 日	10100	7 月 30 日	7830	4000
1967	8 月 2 日	9500	8 月 2 日	5550	5100
1967	8 月 7 日	15300	8 月 7 日	8020	5100
1967	8 月 11 日	21000	8 月 11 日	9530	5100
1968	8 月 19 日	6580	8 月 19 日	5330	6200
1969	7 月 27 日	8860	7 月 28 日	5680	6000
1970	8 月 2 日	13800	8 月 3 日	8420	9000
1971	7 月 26 日	14300	7 月 26 日	10200	11000
1972	7 月 20 日	10900	7 月 21 日	8600	9000
1976	8 月 3 日	10600	8 月 3 日	7030	9000
1977	7 月 6 日	14500	7 月 7 日	13600	12300
1988	8 月 6 日	10200	8 月 7 日	8260	10000
1992	8 月 9 日	7740	8 月 10 日	3620	3800
1994	8 月 5 日	10600	8 月 6 日	7360	47000
1995	7 月 30 日	7860	7 月 31 日	4160	3900
1996	8 月 10 日	11100	8 月 11 日	7400	4600
2003	7 月 31 日	7340	8 月 1 日	2110	2600
2012	7 月 28 日	7540	7 月 29 日	4260	5000

4.4　黄河中游典型区气象动态演变特征

气候变化直接影响水循环的各个环节，也通过不同方式影响着植被的蒸散发强度（Kundzewicz and Somlyódy，1997）。探究气象要素的变化规律不仅可以深化对植被蒸散发问题的理解，而且可为水资源管理提供参考信息。

4.4.1　降水及蒸散发变化趋势

根据 1960～2015 年黄河降水数据的变化趋势（表 4-8），年、汛期、非汛期降水量变化趋势基本一致。其中，三门峡—小浪底干流区间呈上升趋势，其余区间及干流沿岸呈显著下降趋势，其中，小浪底—花园口干流区间的倾向率最小。年、汛期、非汛期三个时间尺度下降水量变化的显著性存在明显不同。例如，小浪底—花园口干流区间的年降水量和汛期降水量呈现显著的下降趋势，而非汛期的降水量下降趋势并不显著；河口镇—龙门区间左岸汛期降水量呈弱上升趋势，而年降水量和非汛期降水量呈下降趋势。

表 4-8 黄河中游典型区年、汛期、非汛期降水量变化趋势

名称	年		汛期		非汛期	
	倾向率/ (mm/10a)	统计量	倾向率/ (mm/10a)	统计量	倾向率/ (mm/10a)	统计量
龙门—三门峡干流区间	−8.19	−1.47	—	−0.84	−6.61	−2.43
吴堡以上干流右岸	−4.63	−0.49	−10.06	−2.21	−0.47	0.32
吴堡以下干流右岸	−9.69	−1.36	−8.09	−1.88	−0.47	0.32
河口镇—龙门区间左岸	−12.81	−2.57	0.90	−0.41	−1.43	0.30
三门峡—小浪底干流区间	4.87	0.13	4.79	−0.16	0.07	−0.09
小浪底—花园口干流区间	−11.57	−2.02	−7.16	−1.75	−4.40	−1.17

蒸发皿蒸发量的变化趋势则有别于降水量（表 4-9）。吴堡以下干流右岸的年、汛期、非汛期蒸发量均呈显著上升趋势，龙门—三门峡干流区间和小浪底—花园口干流区间的三个时间尺度蒸发量均呈显著下降趋势，并且小浪底—花园口干流区间的三个尺度蒸发量变化情况一致，其余区间的三个尺度蒸发量变化情况有所区别。其中，河口镇—龙门区间左岸的年、汛期蒸发量呈显著上升趋势，非汛期蒸发量则呈下降趋势。

表 4-9 黄河中游典型区年、汛期、非汛期蒸发皿蒸发量变化趋势

名称	年		汛期		非汛期	
	倾向率/ (mm/10a)	统计量	倾向率/ (mm/10a)	统计量	倾向率/ (mm/10a)	统计量
龙门—三门峡干流区间	−192.32	−10.88	−87.31	−9.13	−54.34	−8.44
吴堡以上干流右岸	−439.43	−4.55	16.59	2.91	−3.24	0.60
吴堡以下干流右岸	205.19	7.95	40.02	4.04	39.59	6.12
河口镇—龙门区间左岸	10.70	0.41	18.69	1.20	−5.79	−1.80
三门峡—小浪底干流区间	−118.21	−8.32	−71.70	−8.52	−25.52	−5.30
小浪底—花园口干流区间	−423.62	−11.89	−233.24	−11.81	−210.73	−11.62

黄河中游典型区的降水量、蒸发量的突变情况在年、汛期和非汛期的表现具有差异性（表 4-10），但也未表现出明显的规律。其中，降水量在年、汛期和非汛期三个时间尺度中共有 18 个突变点，其中降水量和蒸发量突变多集中在 1976~1985 年。

表 4-10 黄河中游典型区年、汛期、非汛期降水量和蒸发皿蒸发量突变年份

名称	降水量			蒸发量		
	年	汛期	非汛期	年	汛期	非汛期
龙门—三门峡干流区间	1990			1982***	1995***	1987

续表

名称	降水量			蒸发量		
	年	汛期	非汛期	年	汛期	非汛期
吴堡以上干流右岸				1968		
吴堡以下干流右岸		1979		1986	1996	1978~1979
河口镇—龙门区间左岸	1978					
三门峡—小浪底干流区间			1964~1965	1998	1997	2004
小浪底—花园口干流区间				—	—	—

***表示在 1%水平显著

注："—"表示变化较大，未通过 1%显著性水平检测。

研究区 24 个气象站中 43.3%站点的蒸散发呈显著上升趋势，30%的站点呈显著下降趋势，26.7%的站点没有明显的变化趋势。进一步计算发现，黄河中游潜在蒸散发呈缓慢上升趋势，龙门—三门峡干流、三门峡—小浪底干流区间显著上升（表 4-11）。

表 4-11　潜在蒸散发、辐射项和空气动力学项的变化倾向率及其显著性

潜在蒸散发		辐射项		空气动力学项	
倾向率/（mm/10a）	显著性	倾向率/（mm/10a）	显著性	倾向率/（mm/10a）	显著性
0.25	−0.82	2.63	2.82	−2.38	−1.95

黄河中游潜在蒸散发增大的趋势主要表现在辐射项的增大，通过相关分析发现，气温升高对中游潜在蒸散发的作用强度较大，风速下降对中游区域潜在蒸散发的下降具有较为显著的影响（表 4-12 和表 4-13）。

表 4-12　气象指标与潜在蒸散发、辐射项、空气动力学项的相关系数

气象指标	潜在蒸散发	辐射项	空气动力学项
风速	0.24	−0.16	0.40
温度	0.46	0.62	0.25
日照时数	0.43	0.55	0.24
相对湿度	−0.39	0.11	−0.56

表 4-13　1960~2015 年气象指标倾向率和显著性

风速		温度		日照强度		相对湿度	
倾向率/[m/（s·10a）]	显著性	倾向率/（℃/10a）	显著性	倾向率/[W/（m²·10a）]	显著性	倾向率/（%/10a）	显著性
−0.46	−7.23	2.81	10.85	−1.24	−8.77	−0.27	−1.93

4.4.2　降水等气象因子空间分布特征

基于 1990~2015 年黄河中游典型区 24 个站点的年平均气温、降水量、日照时数、平均风速、平均相对湿度等气象因子的实测数据发现，研究期间的黄河中游典型区年均降水量为 395.2 mm，

2015 年比 1990 年增加了 6.4%；年均气温为 9.78℃，增加了 10%；年均日照时数为 2375.3 h，减少了 12%；年平均风速为 1.81 m/s，下降了 6%；平均相对湿度为 57.04%，下降了 7.5%（表 4-14）。

表 4-14　黄河中游典型区气象要素年际分布特征

要素	1 月	2 月	3 月	4 月	5 月	6 月	7 月	8 月	9 月	10 月	11 月	12 月	年均
最低气温/℃	-10.9	-6.64	-1.05	5.09	10.33	14.89	17.77	16.30	11.37	4.55	-2.34	-8.78	4.21
大气压强/kPa	90.28	90.04	89.82	89.53	89.33	89.02	88.94	89.29	89.77	90.18	90.26	90.39	89.74
最高气温/℃	1.48	5.76	12.15	19.48	24.82	28.69	29.60	27.69	22.97	17.34	9.86	2.89	16.89
平均气温/℃	-5.85	-1.43	4.72	11.82	17.33	21.51	23.15	21.32	16.33	9.87	2.61	-4.08	9.78
风速/(m/s)	1.48	1.78	2.15	2.39	2.21	1.98	1.76	1.62	1.58	1.53	1.62	1.62	1.81
实际水汽压/kPa	0.21	0.29	0.39	0.57	0.88	1.31	1.83	1.74	1.28	0.78	0.43	0.25	0.83
相对湿度/%	52.92	51.73	46.54	43.88	47.65	54.85	67.38	71.04	70.96	64.85	59.04	53.69	57.04
辐射/mm	4.44	7.72	12.20	27.68	37.73	52.75	107.5	111.2	76.80	33.77	18.25	3.65	493.7

从变化趋势上看，年均降水量呈增加趋势，但未通过显著性检验；年均气温呈显著上升趋势，年均日照时数、年平均风速和平均相对湿度呈显著下降趋势。各气象指标在空间分布上具有显著差异（图 4-21）。降水量、年均气温和平均相对湿度的高值区主要分布在南部；年均日照时数在北部和西部地区较高；年平均风速在西北部较大。

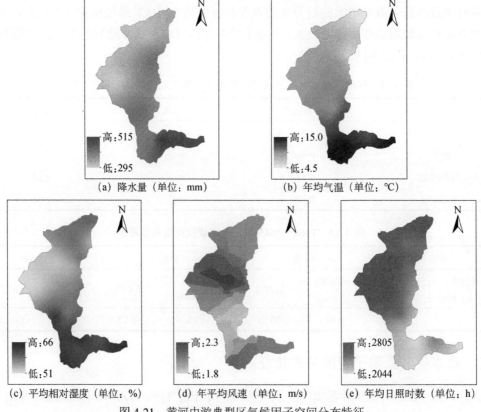

（a）降水量（单位：mm）　　　　　（b）年均气温（单位：℃）

（c）平均相对湿度（单位：%）　　（d）年平均风速（单位：m/s）　　（e）年均日照时数（单位：h）

图 4-21　黄河中游典型区气候因子空间分布特征

4.5 讨论与小结

4.5.1 讨论

气候变化是影响河流径流变化的自然因素，其中，降水量和气温变化是影响黄河天然径流量的直接因素；人类活动（水利工程建设、水土保持措施以及河道两岸引水引沙等）是黄河来水量变化的主要人为影响因素（李勃等，2019）。黄土高原大量退耕还林还草和植树造林等措施的实施、降水量的减少以及黄河两岸引水量的增大是黄河中下游径流量减少的主要影响因素（史红玲等，2014）。

通过对黄河中游流量要素进行分析，发现由于各个断面水文、水力特征等方面存在一定的差异，产生改变的生态水文要素不同。黄河中游生态水文系统中变化强烈的生态水文要素主要表现在：径流要素的年际和年内变化最大、最小极值的大小及出现时间、大小洪水变化等。另外，由于水流的连续性，上游断面发生变化时间早于下游断面，且会产生累积效应。例如，龙门断面水文极值发生时间早于潼关断面，头道拐断面的最大、最小极值及不均匀系数在龙刘水库运行后改变显著。这些指标的改变都是不恰当的人类活动干扰造成的，需要在黄河生态水文指标体系的构建和水库生态调度中给予重点考虑。

4.5.2 小结

基于 1951～2015 年黄河中游干流 3 个水文站的径流量数据，采用 MK 计算方法，分析了径流量变化趋势及突变年份，并重点分析了龙门站日尺度流量要素的变化趋势，研究发现：

年径流量呈显著下降趋势。年径流量最大值是多年平均径流量的 2 倍左右，是年径流量最小值的 4.06～4.68 倍。径流量在 1985 年发生突变：突变前（1951～1985 年），头道拐、龙门和潼关年均径流量分别为 254 亿 m^3、312 亿 m^3 和 413 亿 m^3；突变后（1986～2015 年）年均径流量分别为 165 亿 m^3、196 亿 m^3 和 246 亿 m^3。从 UF>0 与 UF<0 转换时间及突变年份上可以看出，径流变化大体可分为三个阶段：1951～1970 年、1971～1985 年和 1986～2015 年，年均径流量逐段减少，这主要与全球气候变化以及人类活动干扰不断增加有关。

头道拐站的径流量变化主要受上游水库和宁蒙灌区人类引水工程的影响。5 月、6 月是宁蒙灌区等灌溉的关键期，大量水资源被引走，导致径流量骤减。1986 年龙羊峡水库投入运行，拦蓄洪尾以备枯水期补水，进而导致汛期及汛后径流量大幅消落。2000 年，万家寨水库投入使用以后，10 月龙门、潼关水量有所上升；之后，万家寨和小浪底水库运行后，龙门和潼关站不均匀系数有所降低，但幅度很小。

黄河中游洪水由暴雨引发，呈现洪峰高、历时短、含沙量大等特征；脉冲流量的次均历时整体变化趋势较平缓、年际变化不大；龙门至潼关之间的小北干流，平均削峰率为 40.3%，比未漫滩时的一般洪水削峰率高 10%～15%。

年、汛期、非汛期三个时间尺度的降水量变化趋势基本一致，但在降水量显著性上具有差异。黄河中游潜在蒸散发呈现缓慢上升趋势，龙门—三门峡干流区间、三门峡—小浪底干流区间明显上升。黄河中游潜在蒸散发变强主要表现在辐射项的增大。1990～2015年，黄河中游典型区年均降水量呈增加趋势，但未通过显著性检验；年均气温呈显著上升趋势，年均日照时数、年平均风速和平均相对湿度呈显著下降趋势。此外，各气象因子在空间上表现出了不同的分布特征。

第 5 章 黄河中游典型区陆面植被生态需水核算及其驱动机制分析

5.1 引　言

植被生态系统的生态需水旨在维持生态水循环中的生态系统功能和健康（Deb et al.，2019a，2019b）。植被生态需水不仅可以量化区域生态系统对水资源的需求，还可以分析人类活动对水资源的消耗程度，进而确定区域生态承载力，这对于实现黄河流域的水资源合理分配具有重要意义。在景观生态学研究中，景观格局的变化是指在内、外部作用力的驱动下，景观类型、功能和空间结构随时间变化从一种状态转成另一种状态的过程（Forman and Godron，1981；Turner and Gardner，1991）。景观格局的变化改变了植被的耗水过程，从而影响植被生态系统的水量平衡，其是驱动生态系统功能变化的最关键且直接的因素之一（Wang et al.，2011；Deng et al.，2014；Amici et al.，2015）。

20 世纪 50 年代以来，由于黄土高原退耕还林工程、水土保持等工程的实施，生态系统面临的扰动越来越大（Glenn et al.，2017），引起了土地利用景观格局的显著变化，进而影响了水资源循环过程。本书以黄河中游典型区陆面植被生态系统为研究对象，分析了 1990～2015 年陆面植被生态需水的变化趋势；利用 Fragstats 软件计算了香农多样性、蔓延度和连通性等景观空间格局指数，剖析了景观格局时空动态演变特征；厘清了降水、气温等气象因素和景观格局变化等对陆面植被生态需水的驱动机制。

5.2 黄河中游典型区陆面植被生态需水量

本章基于 1990～2015 年典型区的遥感及土地利用等数据，核算了黄河中游典型区（图 5-1）陆面植被生态需水量，并分析了其变化特征。

5.2.1 陆面植被生态需水核算方法

陆面植被生态需水受植被类型、气候及土壤水分等因素的综合影响，其计算公式为

$$EWR_s = K_s \times K_c \times ET_0 \tag{5-1}$$

式中，EWR_s 为陆面植被生态需水量（mm）；ET_0 为潜在蒸散发（mm）；K_c 为植被生态耗水系数；K_s 为土壤水分系数。其中，ET_0 采用 FAO56 彭曼公式计算（Allen et al.，1998）；K_s 和 K_c 指标分别参照刘绍民等（1998）和张远（2003）的相关研究方法进行核算。

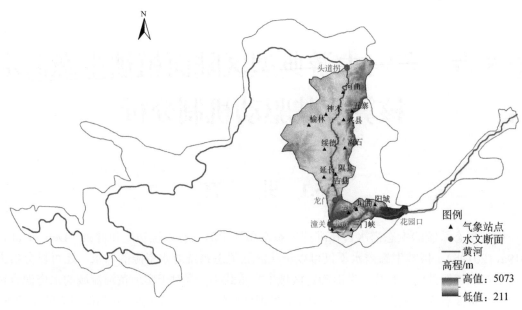

图 5-1　研究区 DEM

　　经计算，草地、林地、耕地和未利用地的年平均需水量定额分别为 391 mm、474 mm、343 mm 和 180 mm。基于计算结果，绘制了黄河中游典型区陆面植被生态需水空间分布图（图 5-2）。

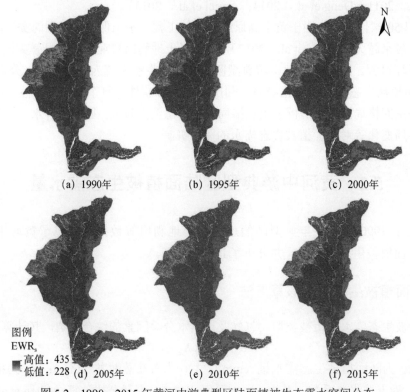

图 5-2　1990～2015 年黄河中游典型区陆面植被生态需水空间分布

5.2.2 陆面植被生态需水量变化趋势

1990～2015 年，黄河流域植被平均生态需水量呈波动下降趋势，由 392.7 mm 减少至 276.5 mm，其中，1995 年陆面植被平均生态需水量较 1990 年有所增大，为 447.3 mm（表 5-1）。研究区内陆面植被年均生态需水量由 124.8 亿 m³ 减少至 89.6 亿 m³，这与研究区内实施植树造林、退耕还林还草有关。

表 5-1　1990～2015 年黄河中游典型区域植被生态需水量变化趋势

年份	最大/mm	最小/mm	平均/mm	平均生态需水量/亿 m³
1990	485.7	273.2	392.7	124.8
1995	594.7	300.7	447.3	143.7
2000	565.8	286.1	425.5	136.1
2005	437.1	228.0	335.7	106.9
2010	399.6	205.5	304.0	97.2
2015	363.5	186.9	276.5	89.6

1990～2015 年，研究区的陆面植被最小生态需水量从 273.2 mm 降低到 186.9 mm；最大需水量由 485.7 mm 减少到了 363.5 mm，其中 1995 年陆面植被最小和最大需水量分别为 300.7 mm 和 594.7 mm，高于其他年份的陆面植被最小和最大生态需水量，这与 20 世纪末在研究区内开始实施水土保持工程综合防治项目以及退耕还林还草工程有关，与景观多样性减少和景观斑块连通性增加一致。

黄河中游典型区内植被覆盖度从北至南呈逐渐增强的变化趋势（贺振和贺俊平，2017），这主要与该流域的自然条件和降水分布有很大关系。河口—龙门段植物生长的陆面植被最小生态需水量小于 300 mm，龙门—三门峡干流的陆面植被生态需水量大于 400 mm，三门峡—花园口干流断面的陆面植被生态需水量最高，最大值为 500～595 mm。

5.3 黄河中游典型区陆面植被生态需水变化驱动机制分析

随着气候变化以及生态保护工程的实施，在黄河中游的植被恢复过程中，土地利用景观类型发生了变化，植被覆盖度呈增加趋势，进而造成植被蒸腾和截流蒸发作用增强（Farley et al.，2005）。

5.3.1 黄河中游典型区土地利用景观格局动态演变特征

为了能够更深入地认识和理解研究区景观格局的变化规律，基于 1990～2015 年土地利用景观格局数据，从景观类型水平和景观水平两方面分析了黄河中游典型区的景观格局变化特征。在景观类型水平上，选取了斑块密度（PD）、连通度指数（COHESION）、最大斑块指数（LPI）和聚集度指数（AI）等指标；在景观水平上，选取了香农多样性指数（SHDI）、蔓延度指数（CONTAG）、分离度指数（SPLIT）和景观形状指数（LSI）等指标。各景观指标的含义和计算公式如下：

（1）斑块密度指土地利用景观的密度，反映各景观分布的破碎程度。计算公式如下：

$$PD = \frac{n_i}{A_i} \tag{5-2}$$

式中，PD 为斑块密度；n_i 为 i 类型的总斑块数量；A_i 为 i 类型的总斑块面积。

（2）连通度指数反映了不同景观聚集程度及空间分布特征（姜亮亮，2014）。优势景观类型具有良好的连通性。其计算公式如下：

$$COHESION = \left(1 - \frac{\sum\limits_{l=1}^{n}\sum\limits_{j=1}^{m} p_{ij}}{\sum\limits_{i=1}^{n}\sum\limits_{j=1}^{n} p_{ij}\sqrt{a_{ij}}}\right) \times \left(1 - \frac{1}{\sqrt{N}}\right)^{-1} \tag{5-3}$$

式中，COHESION 为连通度指数；n 为景观类型数量；m 为景观类型的斑块数量；a_{ij} 和 p_{ij} 分别为在第 i 个景观类型中第 j 个斑块的面积和周长；N 为斑块总数量。

（3）最大斑块指数是最大斑块面积占景观总面积的比值。其值的大小和变化决定着景观中的优势种丰度等生态特征，并能反映人类活动对景观格局影响的方向和强弱。计算公式如下：

$$LPI = \frac{\max\limits_{j=1}(a_{ij})}{A} \tag{5-4}$$

式中，LPI 为最大斑块指数；A 为研究区景观总面积；a_{ij} 为第 i 个景观类型中斑块 j 的面积。

（4）聚集度指数反映了各种景观类型的空间分布。计算公式如下：

$$AI = \left[\frac{g_{ij}}{\max(g_{ij})}\right] \times 100 \tag{5-5}$$

式中，AI 为聚集度指数；g_{ij} 为第 i 类景观类型中第 j 个斑块相邻像元的数量。

（5）香农多样性指数反映了景观异质性特征。计算公式如下：

$$SHDI = -\sum\limits_{i=1}^{m} \frac{A_k}{A_i} \ln \frac{A_k}{A_i} \tag{5-6}$$

式中，SHDI 为香农多样性指数；A_k 为景观类型 k 的面积；A_i 为景观类型 i 的面积；m 为景观类型数。

（6）蔓延度指数反映了整体景观里不同景观类型的延展趋势。某区域中以一种景观类型为主，那么该区域蔓延度较高，有很好的连通性。其计算公式如下：

$$CONTAG = \left[1 + \frac{\sum\limits_{i=1}^{m}\sum\limits_{k=1}^{n}\left[(P_i)\left(\frac{g_{ik}}{\sum\limits_{k=1}^{n} g_{ik}}\right)\right] \times \left[\ln(P_i)\frac{g_{ik}}{\sum\limits_{k=1}^{n} g_{ik}}\right]}{2\ln m}\right] \times 100\% \tag{5-7}$$

式中，CONTAG 为蔓延度指数；m 为景观类型数目；n 为某景观类型的斑块个数；P_i 为第 i 类景观面积占比；g_{ik} 为第 i 类景观中第 k 个斑块的相邻斑块的数量。

（7）分离度指数能反映整体斑块的离散程度，随着斑块空间分离度的增加，斑块内植物群落多样性指数降低。计算公式如下：

$$\text{SPLIT} = \frac{A^2}{\sum_{i=1}^{m}\sum_{j=1}^{n}a_{ij}^2} \tag{5-8}$$

式中，SPLIT 为分离度指数；A 为研究区总面积；a_{ij} 为第 i 个景观类型中斑块 j 的面积。

（8）景观形状指数表示所有斑块边界的复杂程度。

$$\text{LSI} = \frac{0.25E}{\sqrt{A}} \tag{5-9}$$

式中，LSI 为形状指数；A 为总面积；E 为所有斑块边界的长度。

1990～2015 年，由于黄河水土保持工程的实施和城市快速扩张，耕地和部分闲置土地被建设用地、林地和草地所占用。另外，为了保持耕地的数量，河岸带一些滩地被开发为耕地（图 5-3）。由图 5-3 可知，黄河中游典型区的水域和未利用地比例分别下降了 0.05%和 0.69%，耕地比例下降了 1.12%；建设用地面积由 30.42 万 hm² 增加到 48.15 万 hm²，建设用地占比大约增长了 1.05%；林地面积由 330.5 万 hm² 增长到 343.12 万 hm²，林业占比增长了 0.74%；草地占比增加了 0.07%。

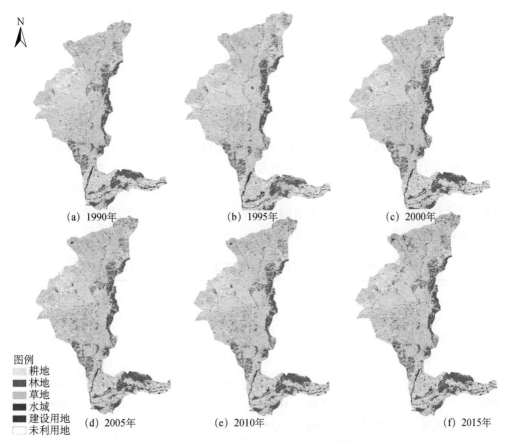

图 5-3　1990～2015 年黄河中游典型区土地利用景观分布

　　景观类型水平上的 PD 增加和景观水平上的平均斑块面积减小，同时表明了景观的破碎化程度呈增加趋势。由图 5-4 发现，草地的 PD 最大，耕地和林地的 PD 次之，水域和未利用地 PD 最小。从不同时间段看，1990～1995 年，耕地、草地的 PD 显著下降，2005～2010 年各景观类型的 PD 变化不明显，到 2015 年则有所增加。1995 年以后，草地面积减小，COHESION 由 1990 年的 99.09 下降到 2015 年的 98.83，说明草地景观在研究时段内不断被其他景观分割，导致斑块密度增加以及连通度下降。整体而言，1990～2015 年，在人类活动的影响下，研究区的景观格局发生了较大变化，景观破碎化程度逐渐增加，但近 10 年来有所减缓。

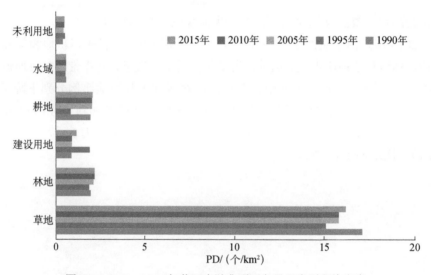

图 5-4　1990～2015 年黄河中游典型区各景观类型斑块密度

　　1990～2015 年，水域和建设用地的景观 AI 变化较大。水域 AI 由 1990 年的 39.49 下降到 2015 年的 32.43（表 5-2），表明水体分离程度有所提高，这种状况主要是修建许多新渠道引起的。建设用地 AI 增加了 8.61，主要是陕西、山西、河南等省人口不断增加以及经济快速发展，导致住房建设用地面积不断增加。草地和耕地的 AI 略有下降，主要是黄土高原水土保持和退耕还林还草工程的实施造成斑块空间分割导致的。

表 5-2　1990～2015 年黄河中游典型区景观类型水平的景观指数

类型	1990 年			1995 年			2000 年		
	LPI	COHESION	AI	LPI	COHESION	AI	LPI	COHESION	AI
草地	15.19	99.09	53.70	31.65	99.59	55.69	13.26	98.89	54.20
林地	3.80	95.09	61.83	2.59	94.69	61.48	3.06	94.49	61.71
建设用地	0.07	37.07	15.28	0.07	34.58	17.15	0.06	42.94	18.28
耕地	13.81	98.80	55.23	16.51	99.04	55.83	14.93	98.88	55.19
水域	0.34	77.83	39.49	0.35	73.64	36.21	0.29	69.81	31.87
未利用地	3.13	97.23	56.05	0.61	91.10	46.27	1.18	93.66	49.24

续表

类型	2005 年			2010 年			2015 年		
	LPI	COHESION	AI	LPI	COHESION	AI	LPI	COHESION	AI
草地	13.24	99.06	53.97	13.31	99.07	54.00	12.58	98.83	53.36
林地	3.06	94.17	60.70	3.06	94.14	60.54	3.06	94.14	60.51
建设用地	0.07	47.09	21.12	0.09	49.32	22.29	0.10	53.04	23.89
耕地	13.87	98.77	54.69	13.83	98.76	54.45	13.52	98.71	54.23
水域	0.15	67.58	32.70	0.15	70.12	32.29	0.14	71.16	32.43
未利用地	1.26	94.11	49.08	1.26	93.69	48.72	1.21	93.29	47.60

1990～2015 年，草地、林地、耕地、水域和未利用地的 LPI 呈波动下降的趋势，主要是水土保持生态环境建设（特别是在黄土高原地区）和退耕还林工程的实施，导致这些景观类型的斑块在空间上被分割，最大斑块面积变小。建设用地的 LPI 呈现增加趋势，这与人口数量的增加趋势一致。

在景观水平层面，1990～2015 年景观 SHDI 呈略有增加趋势，而 CONTAG 持续下降（表 5-3）。SHDI 由 1990 年的 1.33 增长到 2015 年的 1.34，说明黄河中游典型区的景观类型呈增加的趋势。1990～1995 年，斑块数量明显减少，但 1995～2015 年呈持续增长趋势。1990～2000 年是景观格局变化比较明显的时间段，该时间段内 LPI 呈先增大后减小的趋势，变化幅度约为 53%，SPLIT 则呈波动变化趋势，变化幅度在 52%～57%（表 5-3）。2005～2015 年，较大的景观斑块被分割为许多较小的斑块，形状变得更加复杂，SPLIT 值不断增加。2010～2015 年，CONTAG 为变化幅度最大的景观指标，变化幅度约为 3.28%，这主要是水土保持工程和 GGP 的实施，同一斑块间的连通度增加，林地和草地成为研究区内优势景观造成的。最近，规模化的林业生产方式，大大改善了耕作、灌溉等条件，形成了大量的面积较小的景观斑块，增加了景观多样性和异质性。这些措施对于保持林地和草地的稳定性、改善林地和草地的质量和减少景观格局变化带来的一些负面影响具有重要意义。

表 5-3　1990～2015 年黄河中游典型区景观水平的景观指数变化趋势

年份	NP	LPI	LSI	CONTAG	COHESION	SPLIT	SHDI
1990	9733	15.19	82.84	32.37	98.67	15.65	1.33
1995	9402	31.65	81.97	34.36	99.18	7.45	1.28
2000	9782	14.93	83.37	32.74	98.54	17.45	1.31
2005	10104	13.87	84.11	31.88	98.57	16.61	1.33
2010	10184	13.83	84.33	31.74	98.57	16.64	1.33
2015	10636	13.52	85.30	30.70	98.36	16.71	1.34

本书采用移动窗口法计算了研究区 SHDI、COHESION 和 CONTAG，进一步分析了 1990～2015 年黄河中游典型区景观格局时空演变特征（图 5-5～图 5-7）。研究发现，随着水土保持和植树造林工作的开展，研究区的 SHDI 升高，CONTAG 下降，说明景观斑块异质性在增强，并且不连续的斑块数量在增多。东南部黄河洪泛平原区的景观以耕地为主，景观逐

渐趋于均质、连续，出现成片分布的现象；研究区东部（黄河干流东岸）和山区景观类型以草地、林地和未利用土地为主，但由于该区域夹杂着许多细碎的小斑块，导致该区域景观多样性较高，整体蔓延度较低。河口—龙门段的 SHDI 最高，约为 1.6，说明该区景观类型较多。三门峡—花园口段的 SHDI 值较低，在 0.3~1.27，表明该区域景观类型多样性相比于其他地区要低。1995 年研究区下游的 COHESION 最大值为 99.18，这表明该区域内景观连通性较强，景观斑块之间的信息传递更加有效。

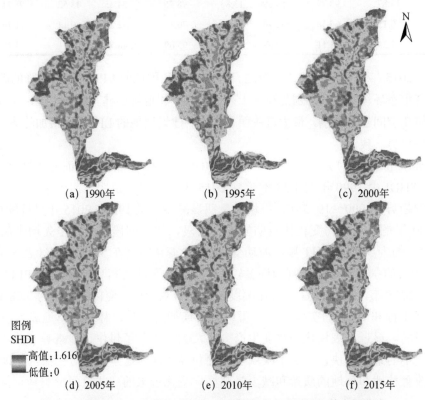

图 5-5　1990~2015 年黄河中游典型区景观香农多样性指数空间分布

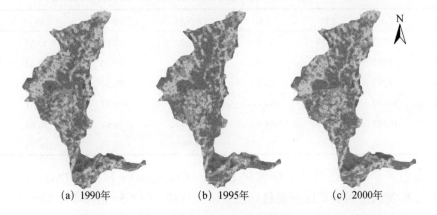

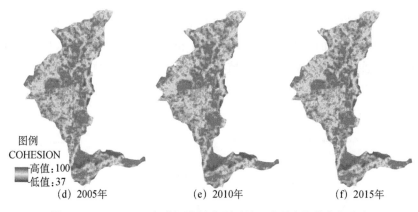

图 5-6　1990～2015 年黄河中游典型区景观连通度指数空间分布

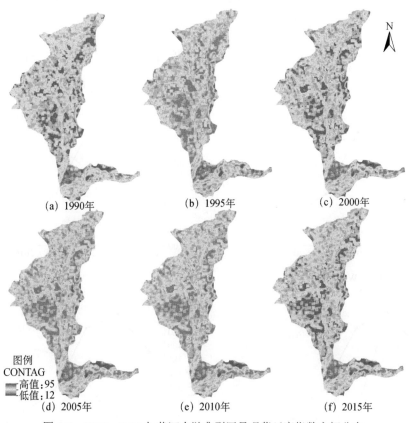

图 5-7　1990～2015 年黄河中游典型区景观蔓延度指数空间分布

5.3.2　黄河中游典型区陆面植被生态需水对景观格局变化的响应分析

陆面植被生态需水受气象条件、人为因素以及自身生理特性的影响,本书从景观格局变化的角度分析了人为因素对陆面植被生态需水的驱动机制。1990～2015 年,景观类型水平的景观格局指数与陆面植被生态需水(EWR$_s$)相关性如图 5-8 所示。陆面植被生态需水与

CONTAG 呈显著正相关；但与 COHESION 和 LPI 之间的正相关均不显著，相关系数分别为 0.733 和 0.663。相反，陆面植被生态需水与 SHDI 和 LSI 呈显著负相关，与 SPLIT 的相关系数仅为-0.700，未通过显著性检验。陆面植被生态需水与景观指数的相关性表明，陆面植被生态需水与人类活动影响下景观类型的转换方向有关，景观中各种景观类型的聚集程度会影响陆面植被的生态需水。

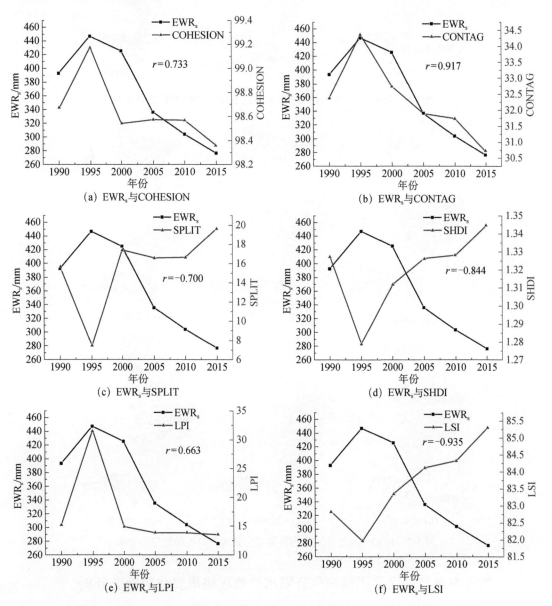

图 5-8   1990～2015 年黄河中游典型区景观格局指数与陆面植被生态需水相关性

为了进一步厘清景观水平的景观格局指数对陆面植被生态需水的驱动机制，本书基于景观格局指数（SHDI、COHESION 和 CONTAG）和陆面植被生态需水的空间分布图，随机选取了 6000 个点（不包括水域和建设用地），提取了各点的陆面植被生态需水和相关的景观格局指数信息，创建了散点图（图 5-9），并采用偏相关方法分析了陆面植被生态需水与景观水平的景观格局指数之间的相关关系，如表 5-4 所示。

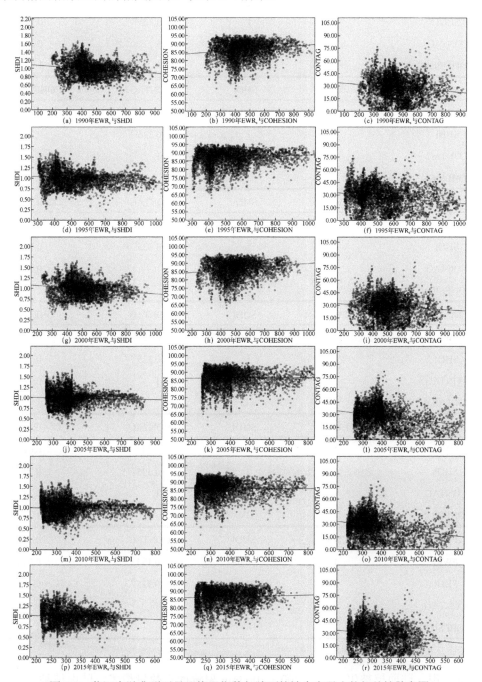

图 5-9 黄河中游典型区景观格局指数与陆面植被生态需水的相关性散点图

表 5-4　1990～2015 年黄河中游典型区景观水平的景观格局指数与陆面植被相关系数

1990 年	EWR$_s$	SHDI	CONTAG	COHESION
EWR$_s$	1	−0.157**	0.128**	0.150**
SHDI		1	−0.325**	−0.793**
CONTAG			1	0.385**
COHESION				1
1995 年	EWR$_s$	SHDI	CONTAG	COHESION
EWR$_s$	1	−0.160**	0.191**	0.139**
SHDI		1	−0.325**	−0.793**
CONTAG			1	0.385**
COHESION				1
2000 年	EWR$_s$	SHDI	CONTAG	COHESION
EWR$_s$	1	−0.158**	0.087**	0.159**
SHDI		1	−0.325**	−0.793**
CONTAG			1	0.385**
COHESION				1
2005 年	EWR$_s$	SHDI	CONTAG	COHESION
EWR$_s$	1	−0.043**	0.227**	0.013
SHDI		1	−0.325**	−0.793**
CONTAG			1	0.385**
COHESION				1
2010 年	EWR$_s$	SHDI	CONTAG	COHESION
EWR$_s$	1	−0.020	0.244**	−0.014
SHDI		1	−0.325**	−0.793**
CONTAG			1	0.385**
COHESION				1
2015 年	EWR$_s$	SHDI	CONTAG	COHESION
EWR$_s$	1	−0.084**	0.194**	0.046**
SHDI		1	−0.325**	−0.793**
CONTAG			1	0.385**
COHESION				1

**表示在 $P=0.05$ 水平上显著相关。

研究发现，陆面植被生态需水 200～400 mm 聚集的点数量最多，陆面植被生态需水与 SHDI 呈显著负相关，说明景观多样性增加会导致陆面植被生态需水减少。陆面植被生态需水与 COHESION 和 CONTAG 呈显著正相关，说明随着景观连通度和蔓延度的增强，陆面植被生态需水会增加。多数年份陆面植被生态需水与 CONTAG 的相关系数高于与 SHDI 和 COHESION 的相关系数，表现出更强的相关性，说明景观蔓延度 CONTAG 对陆面植被生态需水的影响更大。

5.3.3　黄河中游典型区陆面植被生态需水其他影响因素分析

基于第 3 章典型区气象要素变化特征的分析结果，本节采用多元回归方法分析 1990～2015 年黄河中游典型区气温、降水等 5 种气象因子对陆面植被生态需水的影响，探究气象因子对陆面植被生态需水的影响机制。研究发现，气温和降水量与陆面植被生态需水呈负相关关系，其中，陆面植被生态需水与气温显著相关（$r=-0.824$，$P<0.05$），但与降水量的相关性不显著（$r=-0.310$）（图 5-10 和表 5-5）。这些参数说明 1990～2015 年，随着气温升高和降水量增多，陆面植被生态需水呈减少趋势。水分条件中的平均相对湿度与陆面植被生态需水的关系为负相关（$r=-0.720$），表明平均相对湿度越高，陆面植被生态需水越少。而平均风速和日照时数与植被生态需水之间呈正相关关系（r 分别为 0.477 和 0.755），说明平均风速和日照时数越大，陆面植被生态需水越多。

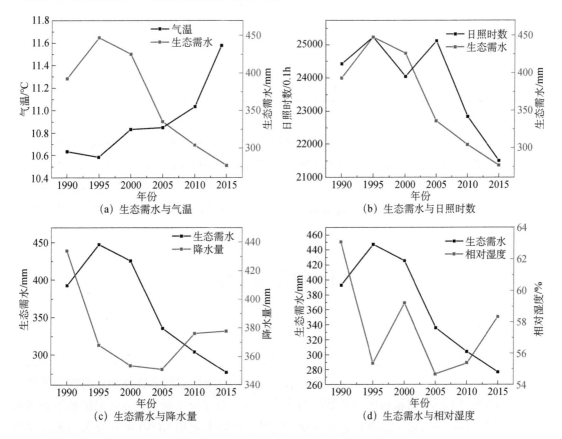

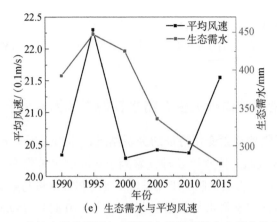

（e）生态需水与平均风速

图 5-10　黄河中游典型区气象因子与陆面植被生态需水的相关性

表 5-5　气象因子与陆面植被生态需水相关关系

相关关系	降水量	气温	相对湿度	平均风速	日照时数	陆面植被生态需水
降水量	1	−0.151	0.770	−0.131	−0.082	−0.310
气温		1	−0.071	0.125	−0.915*	−0.824*
相对湿度			1	−0.303	−0.124	−0.720
平均风速				1	−0.013	0.477
日照时数					1	0.755*
陆面植被生态需水						1

*表示在 $P=0.05$ 水平上显著相关。

在气温、降水、相对湿度、平均风速和日照时数 5 种气象因子中，与陆面植被生态需水的相关性较高的是气温、日照时数和相对湿度，其中与陆面植被生态需水最显著相关的因子是气温，随着气温升高，陆面植被生态需水呈减少趋势，这与黄河中游存在"蒸发悖论"（随着气温上升，潜在蒸散量表现为下降的趋势）现象的结论一致（马雪宁等，2012）。

5.4　讨论与小结

5.4.1　讨论

天然植被的生态需水研究主要包括大气、植被和土壤三者之间的水文生态过程研究，Gleick（2004）提出了给天然生境一定量的水，最小化改变植被的多样性和生态的整体性。Baird 和 Wilby（1999）对植被的生长状况与水文过程进行了分析研究，为研究植被生态需水奠定了基础。Groeneveld（2008）通过蒸发蒸腾量、年降水量和 NDVI 的相互关系来计算植被的生态需水量。

不同植被的生态需水量不同，生态需水量的大小一般为乔木>灌木>草地，其中生态需水量还和植被的密度有密切的关系。在缺水区域林地蒸散耗水的研究发现不同群落的植被，蒸腾作用受到植被密度的影响程度不同（姜亮亮，2014），即景观格局的变化改变了植被的耗水过程，影响植被生态系统的水量平衡，生态需水受到景观格局变化的影响是时间和空间长期累积的结果。

5.4.2　小结

基于彭曼公式核算了黄河中游典型区陆面植被生态需水，并分析了 1990～2015 年陆面植被生态需水的变化趋势；利用 Fragstats 软件计算了香农多样性、蔓延度和连通度等景观空间格局指数，并分析了景观格局时空动态演变特征；采用相关分析法分析了降水、气温等气象因素和景观格局变化等对陆面植被生态需水的驱动机制。研究发现：

1990～2015 年，研究区陆面植被平均生态需水由 392.7 mm 减少至 276.5 mm，年均生态需水量由 124.8 亿 m³ 下降至 89.6 亿 m³，大约下降了 28.2%。这种减少趋势与实际蒸散量的变化趋势一致，也可能与研究区植被蒸发量的监测能力有关。陆面植被生态需水量的变化主要受景观格局指标变化和气象因子变化的影响。

1990～2015 年，研究区内景观斑块数量不断增加且形状更加复杂化，导致景观异质性增强，连通度降低，景观多样性提高。景观水平上的景观指数与陆面植被生态需水之间的相关性比较明显，但相关程度不同。其中，陆面植被生态需水与 LPI 呈正相关，说明随着最大斑块面积的增加，陆面植被生态需水也在不断增加；陆面植被生态需水与 SPLIT 呈负相关，表明景观斑块越破碎，陆面植被生态需水越小。此外，从空间分布上看，陆面植被生态需水与 SHDI 呈显著负相关，与 CONTAG 和 COHESION 呈显著正相关。CONTAG 对陆面植被生态需水的作用强度要远大于 SHDI 和 COHESION。

1990～2015 年，气温、降水量与陆面植被生态需水呈负相关关系，其中，陆面植被生态需水与气温（$r=-0.824$，$P<0.01$）相关性比较显著，与降水量相关性不显著（$R=-0.310$）。水分条件中的平均相对湿度与陆面植被生态需水的关系为负相关（$R=-0.72$），表明平均相对湿度越高，陆面植被生态需水越小。平均风速、日照时数对陆面植被生态需水的影响为正效应（r 分别为 0.477 和 0.755），说明平均风速和日照时数越大，陆面植被生态需水越大。气象因子中与陆面植被生态需水的相关性较高的是气温、日照时数和相对湿度，其中最显著相关的因子是气温。

第6章　基于栖息地模拟的黄河中游重点河段河流生态需水核算

6.1　引　　言

河流生态完整性对于河流健康和人类社会至关重要,生态完整的河流在维持河流生态系统正常运行的同时,还为人类社会提供物质资源、水文调节和生物多样性维护等多种生态服务。而维持河流生态完整性的前提是塑造适宜的流量变化过程来支撑和维护河流土著生物群落(Arthington et al.,2018;尚文绣等,2020),因此,提供生态流量是维持河流生态完整性的必备条件之一。

基于对黄河水文条件和水资源特性等现状的认识,黄河生态环境保护目标为维持水生生物(主要是鱼类)生境、河道水体功能和河道及漫滩湿地等。本书建立了一种面向河流生态完整性的河流生态需水综合评估方法,以代表性鱼类栖息地模拟法为基础,建立具有明确水文-生态响应关系的生态流量过程。由于天然河川径流水文情势能反映土著生物对水流的耐受范围和生命周期所需的节律信号(Poff et al.,1997;Poff,2018),因此,本章将天然径流水文情势作为参照,补充指示物种的生命触发信号和保证土著生物基本生存的流量范围,补充并完善生态需水成果,从而得到能够兼顾指示物种和土著生物群落生存繁殖的生态需水过程。

6.2　黄河中游重点河段河流生态需水核算方法

6.2.1　黄河中游重点河段的确定

湿地和鱼类栖息地质量、数量是黄河河流健康的重要标志(水利部黄河水利委员会,2013),国家相关部门规定的湿地自然保护区、河流水产种质资源保护区、重要生态功能区等是河流生态系统重要的组成部分,是黄河重要的生态保护目标。黄河不同河段不同类型生态系统侧重的生态保护对象不同,见图 6-1,不同生态系统的生态保护目标也不相同。本章选择生态问题和水环境问题较突出的黄河中游小北干流河段(龙门—潼关)和三门峡—花园口河段为重点研究河段。

类栖息地遍布主槽，随着流量的增加栖息地面积逐渐减小，且逐渐集中于水域边缘；漫滩后滩区形成适宜的栖息地；适宜的流量范围为 200～2300 m³/s。对产卵场而言，4～6 月黄河鲤产卵期适宜的流量范围为 200～500 m³/s 时，栖息地面积较大。

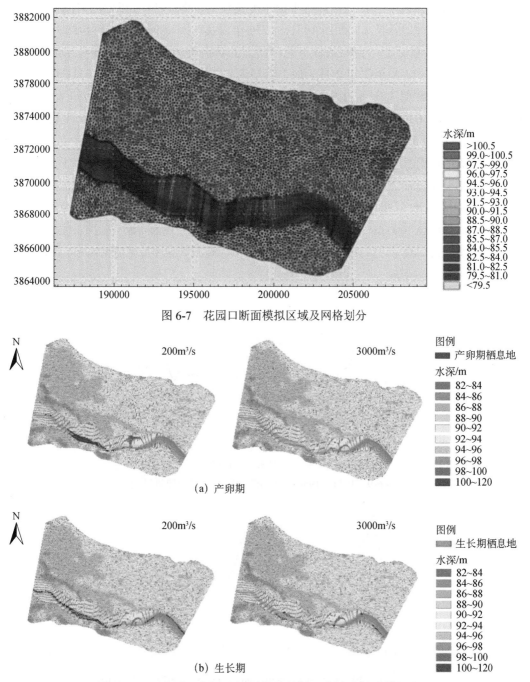

图 6-7　花园口断面模拟区域及网格划分

（a）产卵期

（b）生长期

图 6-8　不同流量下花园口断面模拟区域鲤鱼栖息地分布模拟结果

6.5　水文参照系统特征值及河流生态需水过程

　　本节将万家寨水库和三门峡水库等干流水库建设前，即 1957 年以前的河流径流量近似看作天然河流径流量，提取龙门断面 1951～1956 年以及花园口断面 1949～1956 年实测日径流最小流量和高流量脉冲。自然条件下龙门断面的黄河鲤生长期（7～10 月）最小流量为 600 m³/s，越冬期（12 月至次年 2 月）最小流量为 142 m³/s，生长期（3 月、11 月）最小流量为 180 m³/s，产卵期（4～6 月）最小流量为 200 m³/s。花园口断面的黄河鲤生长期（7～10 月）最小流量为 630 m³/s，越冬期（12 月至次年 2 月）最小流量为 327 m³/s，生长期（3 月、11 月）最小流量为 555 m³/s，产卵期（4～6 月）最小流量为 270 m³/s。

　　黄河干流的径流涨水期主要发生在 4～6 月，但由于 6 月中下旬的高流量不属于流量脉冲过程，因此，本书将高流量脉冲的分析时段确定在 4 月 1 日～6 月 10 日期间。流量达到天然径流涨水期累计频率的 25%，即 830 m³/s 以上且持续时间大于 3 d 则被视为高流量脉冲。同理，将花园口断面流量超过 1000 m³/s 且持续时间大于 3 d 的流量事件视为高流量脉冲。龙门断面和花园口断面涨水期日均流量过程如图 6-9 和图 6-10 所示，高流量脉冲特征值见表 6-4 和表 6-5。

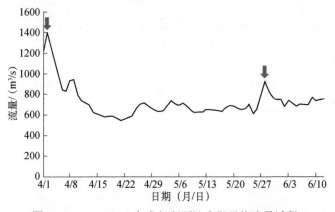

图 6-9　1951～1956 年龙门断面涨水期日均流量过程

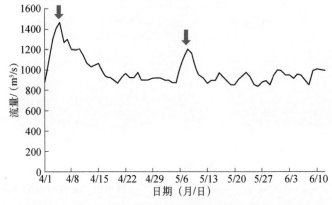

图 6-10　1949～1956 年花园口断面涨水期日均流量过程

表 6-4 1957 年前年龙门断面涨水期的高流量脉冲特征值

指标	发生次数/次	峰值流量/ （m³/s）	均值流量/ （m³/s）	持续时间/d	上升速率/ [m³/（s·d）]	下降速率/ [m³/（s·d）]
均值	2.2	2060	1114	11	193	165
最大值	5	3070	1143	22	407	440
最小值	0	1120	980	4	150	150
1/3 分位数	1	1220	1046	7	70	70
2/3 分位数	2	2070	1193	12	200	180

表 6-5 1957 年前年花园口断面涨水期的高流量脉冲特征值

指标	发生次数/次	峰值流量/ （m³/s）	均值流量/ （m³/s）	持续时间/d	上升速率/ [m³/（s·d）]	下降速率/ [m³/（s·d）]
均值	2	2300	1300	15	224	153
最大值	4	2800	1600	24	410	340
最小值	0	1120	1040	5	145	150
1/3 分位数	1	1500	1000	10	60	60
2/3 分位数	2	2000	1200	15	230	160

统计结果显示，龙门断面高流量脉冲每年发生 0~5 次，平均每年发生 2.2 次，主要集中于 4 月上旬和 5 月中下旬；脉冲的峰值流量介于 1120~3070 m³/s，均值流量处于 980~1143 m³/s，平均持续时间约 11 d；平均上升速率为 193 m³/（s·d），平均下降速率为 165 m³/（s·d）。花园口断面高流量脉冲每年发生 0~4 次，平均每年发生 2 次，主要集中于 4 月初和 5 月初；脉冲的峰值流量介于 1120~2800 m³/s，均值流量介于 1000~1600 m³/s，平均持续时间约 15 d；平均上升速率为 224 m³/（s·d），平均下降速率为 153 m³/（s·d）。

依据 MIKE 21 模型的栖息地模拟的结果与提取的天然水文情势的特征值，采用式（6-4）~式（6-7），得到龙门断面和花园口断面河流生态流量过程（图 6-11 和图 6-12；表 6-6 和表 6-7），龙门断面在 4~6 月、7~10 月、11 月和 3 月及 12 月至次年 2 月的最小生态需水分别为 260 m³/s、600 m³/s、180 m³/s 及 120 m³/s。4 月上中旬应保证出现低峰值的脉冲流量过程，峰值流量至少应在 1100 m³/s 左右，以确保能够为鱼类提供产卵信号；5 月中下旬至 6 月上旬的高脉冲流量过程中，峰值流量为 1100~1600 m³/s，持续时间在 10 d 左右。花园口断面 4~6 月、7~10 月、11 月和 3 月及 12 月至次年 2 月的最小生态需水分别为 350 m³/s、630 m³/s、220 m³/s 及 220 m³/s。在每年 4 月上旬和 5 月上旬，需要塑造 1~2 次的高流量脉冲过程触发产卵繁殖，峰值流量为 1500~2000 m³/s，持续时间 10~20 d，另外还需在脉冲后提供 7 d 以上的适宜产卵的流量。不考虑汛期输沙洪水时，花园口断面年生态需水量为 80 亿～154 亿 m³。

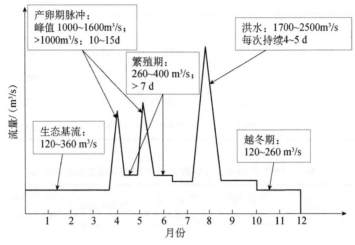

图 6-11　黄河干流龙门断面生态需水过程

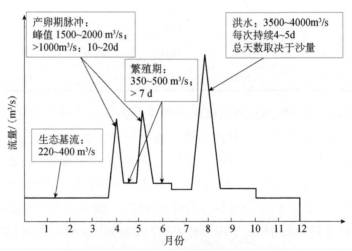

图 6-12　黄河干流花园口断面生态需水过程

表 6-6　龙门断面河流生态需水过程评估结果

| 类别 | 生态流量/（m³/s） | | | | 流量脉冲/（m³/s） | | | | 水量/亿 m³ |
	4～6 月	7～10 月	11 月、3 月	12 月至次年 2 月	次数/（次/a）	时间/d	峰值流量/（m³/s）	平均流量/（m³/s）	全年
最小生态需水	260	600	180	120	1	10	1100	1000	103
适宜生态需水	300	600	260	200	1～2	10	1200	1100	115

表 6-7　花园口断面河流生态需水过程评估结果

类别	生态流量/（m³/s）				流量脉冲/（m³/s）				水量/亿 m³
	4~6月	7~10月	11月、3月	12月至次年 2月	次数/（次/a）	时间/d	峰值流量/（m³/s）	平均流量/（m³/s）	全年
最小生态需水	350	630	220	220	1	10	1500	1000	80
适宜生态需水	500	3500	400	300	1~2	15	2000	1200	154

《黄河流域综合规划（2012—2030 年）》（简称《黄流规》）（水利部黄河水利委员会，2013）中指出：龙门断面和花园口断面 4~6 月最小生态需水分别为 180 m³/s 和 220 m³/s，适宜生态需水分别为 240 m³/s 和 320 m³/s。本节得到的鱼类繁殖关键期（4~6 月）的生态需水量 260~300 m³/s 和 350~500 m³/s，高于《黄流规》给出的适宜生态需水。另外，在《黄河水量调度条例实施细则（试行）》中提出龙门断面和花园口断面的预警流量分别为 100 m³/s 和 150 m³/s。本节得到的各时段最小生态流量均高于给出的预警流量，生态需水结果具有合理性。

6.6 黄河干流关键断面河流生态需水分析

6.6.1 河流生态需水保证率分析

基于龙门和花园口站日尺度的实测流量过程，统计满足本节提出的河流生态需水结果的天数，来计算该断面生态需水的保证率，分析生态需水过程的合理性。保证率 R 计算公式如下：

$$R = \frac{T_e}{T} \times 100\% \tag{6-9}$$

式中，T_e 为研究时段内能够满足生态需水的天数；T 为研究时段内的总天数。

通过计算龙门断面全年以及年内不同时段的生态需水天数保证率发现，龙门断面年最小生态需水的天数保证率均值约为 72%，年适宜生态需水的天数保证率均值约为 58%；鱼类越冬期生态需水的天数保证率较高，最小生态需水天数保证率达到了 94%；产卵期生态需水天数保证率最低，仅为 54%。

1960~2015 年，龙门断面生态需水的天数保证率变化过程如图 6-13 和图 6-14 所示。1960~1970 年各时段生态需水天数保证率均较高；除产卵期外，其他生命时段的生态需水天数保证率波动较大，呈下降趋势。1970~1980 年产卵期天数整体保证水平较低。1990~2000 年各生命时期生态需水天数保证率均较低，1991 年和 2002 年的天数保证率极低；2005 年后各生命时段生态需水天数保证率上升明显，但仍存在保证率较低的个别年份。

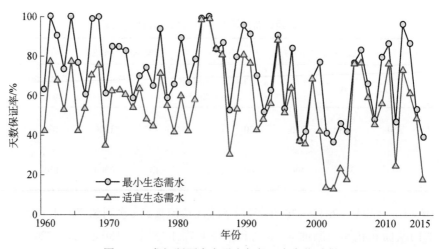

图 6-13　龙门断面生态需水年保证率变化过程

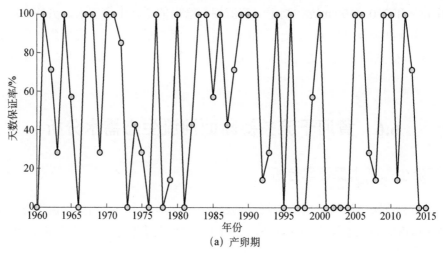

（a）产卵期

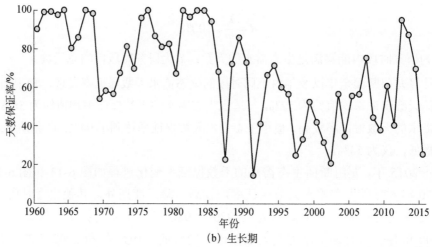

（b）生长期

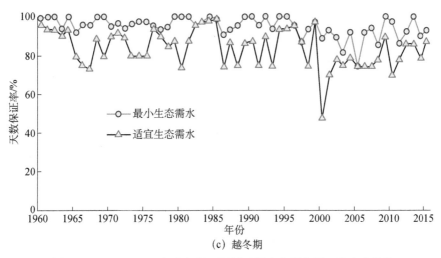

图 6-14　1960～2015 年龙门断面不同时段生态需水保证率变化趋势

1957～2015 年，花园口断面不同时段最小生态需水保证率变化趋势如图 6-15 和图 6-16 所示。对于花园口断面的最小生态流量 220 m³/s，在三门峡水库修建后即 1957 年后基本可以得到有效保障，水量统一调度以后即 2000 年以后最小生态流量保证率有所增大。1961～1970 年最小生态需水天数保证率波动较大，总体保证水平保持在 60%以上；1991～2000 年天数整体保证水平较低；2006 年后最小生态需水天数保证率上升明显。

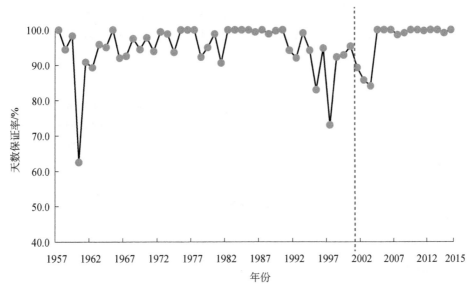

图 6-15　1957～2015 年花园口断面不同时段最小生态需水保证率变化趋势

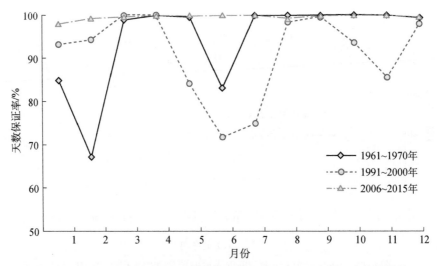

图 6-16　1961～2015 年花园口断面不同月份最小生态需水保证率变化趋势

6.6.2　产卵期脉冲流量分析

4～6 月是黄河中游鱼类产卵繁殖的高峰期，这一时段内发生的高流量脉冲不仅对黄河鲤十分重要，而且对河段内其他土著生物的发育和繁殖也具有重要的作用。1957 年前，龙门断面日均流量过程在 4 月上旬和 5 月中下旬存在两个明显的峰值，而花园口断面日均流量过程在 4 月和 5 月上旬存在两个明显的峰值，说明这两个时段易发生高流量脉冲；1991～1998 年两个断面的日均流量显著下降，不存在高流量脉冲的高发期；2006～2015 年 4～6 月日均流量虽然回升明显，但流量变化较平缓，同时脉冲流量也不存在高发时段（图 6-17 和图 6-18）。

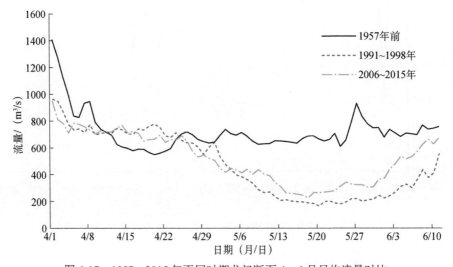

图 6-17　1957～2015 年不同时期龙门断面 4～6 月日均流量对比

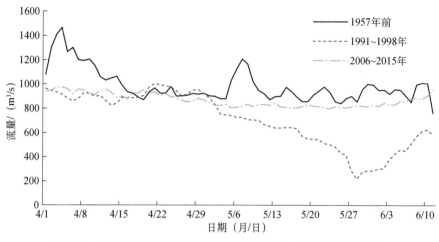

图 6-18　1957～2015 年不同时期花园口断面 4～6 月日均流量对比

对典型年份的 4 月 1 日～6 月 10 日的流量过程（图 6-19 和图 6-20）分析发现，天然状态下 1952 年龙门断面和花园口断面平均流量分别为 863 m³/s 和 1312 m³/s，最高流量分别为 2015 m³/s 和 2800 m³/s。龙门断面 4 月初和 5 月下旬发生高流量脉冲，峰值流量分别为 1700 m³/s 和 2015 m³/s，持续时间 5～7 d；花园口断面 4 月初和 5 月初发生高流量脉冲，峰值流量分别为 2387 m³/s 和 2800 m³/s，持续时间 7～10 d。1997 年，龙门断面小于预警流量 100 m³/s 的天数共有 14 d，平均流量为 244 m³/s，最高流量为 641 m³/s，未发生高流量脉冲。2012 年和 2015 年，龙门断面产卵期的平均流量分别为 458 m³/s 和 419 m³/s，最高流量分别为 1730 m³/s 和 897 m³/s。同理，1997 年花园口断面小于预警流量 150 m³/s 的天数共有 15 d，平均流量为 543 m³/s，最高流量为 960 m³/s，未发生高流量脉冲。2012 年和 2015 年，花园口断面产卵期的平均流量分别为 1194 m³/s 和 1183 m³/s，最高流量分别为 1760 m³/s 和 1370 m³/s。两个断面表现出相同的特征，即流量的变化范围较大，但高流量脉冲未发生。

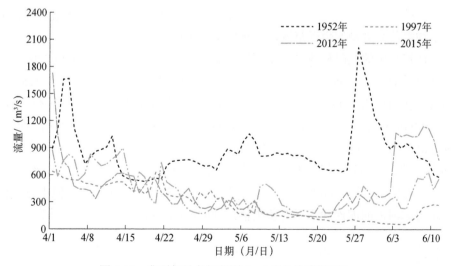

图 6-19　典型年份龙门断面 4～6 月日均流量对比

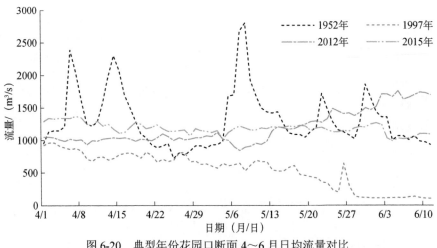

图 6-20　典型年份花园口断面 4~6 月日均流量对比

6.7　讨论与小结

6.7.1　讨论

河流生态系统对人类社会发展具有重要意义，但过度的人类活动（水利工程等）严重威胁河流的水沙输移、河流自净以及生物多样性维护等生态功能。生态需水是指维持河流生态系统健康所需水量的大小、质量和时机等，可为河流的综合管理提供科学依据。

河流生态需水核算方法众多，核算结果不尽相同。对于河流生态系统，具有一定节律性的水文变化是维持河流生物生存繁衍的必要条件（Arthington et al.，2018），栖息地保护是河流生物保护最有效的方法之一，栖息地模拟法的物理机制清晰、应用较广泛，但存在对生物群落考虑不足、忽略生命节律信号等不足。而天然水文情势反映了土著生物对水文条件的耐受范围和所需的生命节律信号，因此本章以天然水文情势为参照系统，补充生命节律触发信号和土著生物群落对流量的耐受范围，完善生态需水成果。

本方法计算得出的龙门和花园口断面生态流量分别为 120~600 m³/s 和 220~630 m³/s，为多年平均流量的 25%~65%。比水文学方法计算获得的生态流量值大 10%~25%。本方法核算得出黄河花园口段在 12 月至次年 2 月期间流量需维持在 220 m³/s 左右；在 7 月至 10月上旬提供 2300 m³/s 的高流量，提供 10 d 左右的大于 3500 m³/s 的洪水以维持河道形态，特别是增强行洪能力；在黄河鲤产卵期（4 月中旬至 6 月上旬）需维持持续 10 d 左右且流量大于 1500 m³/s 的脉冲流量。花园口段在 11 月至次年 3 月期间流量较以往研究结果小，但在 7~10 月以及黄河鲤产卵期的脉冲流量结果与赵伟华（2010）结果一致。但本方法计算的生态流量值未考虑河流的泥沙和水温对鱼类栖息地的影响，应在后续研究中补充。

6.7.2　小结

本章基于龙门和花园口断面所处河段的物理形态，结合黄河中游干流的基本水文、气象资料和主要鱼类不同时期的生活习性，采用 MIKE 21 模型对河流水文过程进行模拟，分析了不同流量下鱼类栖息地的变化情况，耦合生境模拟结果与水文参照系统的特征值，核算了适宜鱼类生存繁殖并兼顾土著生物生存的流量范围，并分析了代表性鱼类的河流生态需水过程。研究发现：

（1）针对黄河干流河段的水文特点，选取龙门和花园口断面，构建了黄河干流生态-水文过程模型（鱼类生境模拟模型），并对不同特征流量下代表性鱼类的有效栖息地面积进行了模拟。鱼类生长阶段流量较小时鱼类栖息地遍布主槽，随着流量的增加栖息地面积逐渐减小，且逐渐集中于水域边缘；漫滩后滩区形成适宜的栖息地；龙门和花园口断面适宜的流量范围分别为 $200\sim1800$ m^3/s 和 $200\sim2300$ m^3/s。对产卵场而言，$4\sim6$ 月两个断面黄河鲤产卵期适宜的流量范围分别 $>200m^3/s$ 和 $200\sim500$ m^3/s 时，栖息地面积较大。

（2）结合天然径流条件下的流量脉冲等信息，提出了耦合生境模拟结果和水文参照系统特征值的生态需水计算方法，根据黄河干流关键断面鱼类的生态需水过程，确定了黄河鲤在龙门断面和花园口断面 $4\sim6$ 月、$7\sim10$ 月、11 月和 3 月以及 12 月至次年 2 月最小生态需水，分别为 260 m^3/s 和 350 m^3/s、600 m^3/s 和 630 m^3/s、180 m^3/s 和 220 m^3/s 以及 120 m^3/s 和 220 m^3/s。基于 1957 年前龙门和花园口断面日径流过程的各生态流量要素，结合黄河鲤的产卵时间和习性，确定了产卵期 $4\sim6$ 月脉冲流量过程。在 4 月上旬分别塑造至少 1 次流量不低于 1100 m^3/s 和 1500 m^3/s 的脉冲过程，保证为鱼类提供产卵信号；$5\sim6$ 月需要保证峰值流量在 $1100\sim1600$ m^3/s 和 $1500\sim2000$ m^3/s 的 $1\sim2$ 次持续时间不低于 10 d 的高脉冲流量过程。

（3）对比历史实测流量过程与本书所得河流生态需水成果，发现龙门断面和花园口断面水量充足，但流量过程满足不了其生态需求，需要进一步加强黄河水资源的统一调度和管理，特别是发挥龙羊峡水库多年调节作用，塑造适宜的流量过程。

第7章　黄河中游典型区沿河湿地生态需水核算

7.1　引　言

黄河小北干流河段（龙门—潼关）为游荡性河段，长约 132.5 km，河面宽 3.5～18 km，平均宽 8.5 km，上下宽中间窄；河道比降为 0.3‰～0.6‰，平均为 0.4‰。由于 1960 年后三门峡水库建成运行，河流流速变慢，包含陕西省、山西省和河南省部分县市的整个地区的水域面积达到 250 km²，并且形成了较多的沙洲（岛），滩涂面积较大，仅陕西面积就超过了 860 km²（于晓平，2005）。区内地势开阔平坦，海拔 330～335 m，沿黄河呈南北狭长带状，区内分布着连片的芦苇、草甸和农田等，同时地热资源丰富的区域在冬季形成不冻区。大面积的湿地、丰富的植被和水生生物资源为鱼类、鸟类的觅食和繁殖提供了较好的环境，使得该区域湿地成为鸟类的越冬区。

滩涂湿地生态需水除了降水补给外，还依靠洪水漫滩和河道侧渗等方式。但在 20 世纪 90 年代后，滩地开垦、洪水漫滩概率降低和断流等，导致湿地萎缩，使水生生物的迁移、繁殖、养分循环受到了影响。一部分生物的生存和繁殖被抑制，生物完整性遭到破坏。因此，本章以黄河中游小北干流河段黄河沿河湿地为研究区，以湿地鸟类、鱼类栖息地以及植被生态需水为研究对象，核算了中游典型区沿河湿地生态需水（水位/水量），这对维持湿地生态系统健康以及河流生态完整性有重要意义。

7.2　沿河湿地生态需水特点

7.2.1　湿地生态系统特征

黄河中游沿河湿地是指小北干流两岸的山西运城湿地自然保护区和陕西黄河湿地省级自然保护区内的全部湿地（图 7-1），其河面较宽，河道极易发生变化，生物资源丰富，是大鸨等鸟类的重要活动区域（沈杨，2013）。黄河中游的湿地类型主要包括河流湿地、滩涂湿地、草沼湿地和库塘湿地 4 类（表 7-1）。根据土地利用分布数据及相关资料，研究区内的湿地面积约 125780 hm²。

图 7-1　黄河中游湿地自然保护区空间分布

表 7-1　黄河中游沿河湿地主要类型

类别	分布及特点
河流湿地	天然形成的河流常年水位以下的土地，主要指黄河中游干流河道
滩涂湿地	河流平水期水位与洪水期水位之间的土地（黄河出露的嫩滩、沙洲等）；从河心向两岸依次为嫩滩、二滩和老滩
草沼湿地	地势平坦低洼，长期潮湿，季节性积水或常年积水，表层生长植物的土地；分布于河流的河漫滩，丰水期常被淹没，枯水期恢复生长
库塘湿地	人工修建的蓄水区，常年水位以下的土地、鱼塘、水库等

　　黄河中游沿河湿地的鸟类（水禽）和鱼类资源丰富，其中，鱼类有 7 目 12 科 82 种，以鲤科鱼类为优势种，共计 58 种，约占总种数的 71%；鸟类有 17 目 45 科 258 种，优势种群包括鹭科、鸭科、鹬科等（图 7-2），共计 86 种，占总数的 33.3%（赵文强，2016）。此外，黄河中游有着丰富的湿地植物资源，共有高等植物 109 科 387 属 865 种，黄河中游沿河湿地现存植被主要包括陆生性草本、潮润土草本、水生和农田群落类型。草本群落有大蓟群落、稗草群落、薹草群落、芦苇群落、香蒲群落；农田群落包括小麦、棉花等（上官铁梁等，2005；赵天梁，2017）。湿地保护区内有大面积的耕地，是山西省重要的棉粮产区，但是由于农药、化肥的大量使用，当地湿地污染比较严重。

图 7-2 陕西洽川黄河湿地的鸟类（雷现荣 摄）

7.2.2 湿地生态保护目标

　　黄河中游干流沿河湿地是中国内陆候鸟迁徙的重要驿站，也是中国中西部国际保护候鸟主要栖息地之一。因此，湿地的重要保护目标是为水禽提供良好的栖息地。根据黄河中游湿地动植物资源现状和 1990～2015 年黄河中游小北干流水文条件以及黄河中游湿地水域、植被等变化情况（图 7-3），湿地重要生态保护对象为鱼类和鸟类，而植被是选择栖息地的重要条件，因此，植被的生长状况对栖息地质量具有较大的影响。黄河中游干流沿河湿地生态保护具体目标见表 7-2。其中，保护对象包括植被、鸟类和鱼类等，三者的生态功能定位分别为植被生境保护、湿地珍稀鸟类栖息地生境保护和特有土著鱼类栖息地/产卵场生境保护，其生态保护需求类型主要为群落生境维持和为鱼类、鸟类提供觅食场所，对应的生态水文条件要求则需要保证有一定流量过程和水位淹及岸边（嫩滩、河心滩）水草以保持土壤水分及植被萌芽，鱼类和鸟类产卵、觅食和栖息场所。

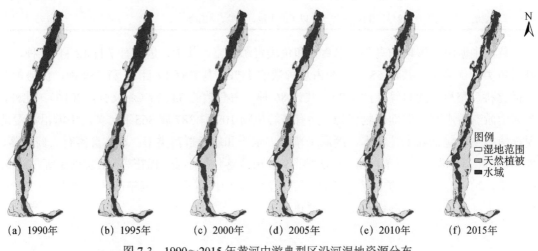

图例
□ 湿地范围
▨ 天然植被
■ 水域

(a) 1990年　　(b) 1995年　　(c) 2000年　　(d) 2005年　　(e) 2010年　　(f) 2015年

图 7-3 1990～2015 年黄河中游典型区沿河湿地资源分布

表7-2 沿河湿地重要生态保护对象与保护要求

类型	生态功能定位	重要生态保护对象	生态保护需求类型	敏感期	对应生态水文条件要求
植被	植被生境保护	优势植被群落	植被群落生境维持	3~6月	黄河水系植被发芽期为3~6月,应有一定流量过程和水位以保持土壤水分及植被萌芽
鸟类	湿地珍稀鸟类栖息地生境保护	湿地珍稀保护鸟类繁殖、栖息和越冬地	生境维持、提供觅食场所	全年	3~6月为鸟类繁殖期,有适宜栖息地供鸟类筑巢产卵;越冬期11月至次年4月能够提供觅食、栖息场所
鱼类	特有土著鱼类栖息地/产卵场生境保护	黄河鲤鱼类产卵及栖息生境	生境维持	4~6月、7~10月	黄河鲤产卵期有淹及岸边(嫩滩、河心滩)水草及流量过程

小北干流区域在水土资源大规模开发利用情况下,耕地灌溉面积不断扩大,当遇到连续枯水年时,易出现大范围水生态危机,河流漫滩频次大幅减少,无法持续为湿地提供维持生态的水量和营养物质,严重影响湿地内鸟类和鱼类的栖息繁殖和芦苇等植被的生长。另外,区域内湿地面积不断萎缩,当遇丰水年较大洪水时,将会导致湿地漫滩流量过大、持续时间过长,严重影响鱼类、鸟类栖息繁殖和芦苇的生长,影响湿地生态系统健康。

7.3 黄河中游典型区沿河湿地生态需水核算方法

湿地生态需水是指维持湿地生物多样性和自身生态特征所需要的水量,包括植被、土壤和生物栖息地需水等(黄昌硕等,2012)。

(1)植被需水量。在现有的植物资源中,芦苇分布较广,并且极易受到环境变化的影响,但其在保障湿地发育、维持生物多样性方面发挥了较大作用。因此,本节以芦苇为天然植被代表,核算其植被需水量,不同季节芦苇的盖度/高度以及对应的适宜水深不同,夏季(6~8月)是植被生长期,芦苇的盖度和高度最高,相应需要的适宜水深就最大。

黄河中游典型区内沿河湿地的植被生态需水量计算公式如下:

$$W_p = A_i \mathrm{ET_C} \tag{7-1}$$

其中,W_p 为需水量(m³);A_i 为面积(m²);$\mathrm{ET_C}$ 为实际蒸散发量(mm)。不同生态需水级别下的植被生态需水量见表7-3。

表7-3 湿地植被生态需水级别

级别	盖度/%	湿地面积/km²	蒸散发量/mm	需水量/亿 m³
最小	40~50	A	350~500	$(0.4\sim0.5)\times(0.35\sim0.5)\times A$
适宜	50~60	A	500~710	$(0.5\sim0.6)\times(0.5\sim0.71)\times A$

(2)土壤需水量,指湿地生态系统水资源储量(周维博等,2015)。黄河中游典型区土

壤以草甸土、沼泽土和盐碱土为主。计算公式为

$$W_s = \alpha A_s H_s \qquad (7\text{-}2)$$

式中，W_s 为土壤需水量（m³）；α 为田间持水量百分比；A_s 为土壤面积（m²）；H_s 为土壤厚度（m）。不同生态需水级别下的田间持水量百分比见表 7-4。

表 7-4　湿地土壤生态需水级别

生态需水级别	湿地面积/m²	持水量类型	比例/%	土壤厚度	需水量/m³
最小	A	田间持水量	25	1.5 m	2.025*×0.25×A
适宜	A	饱和持水量	55	1.5 m	2.025×0.55×A

*为土壤容重与厚度乘积所得数据。

（3）生物栖息地需水量。中游沿河湿地以为鸟类和鱼类栖息、繁殖以及芦苇生长，保障生物完整性为目标，本节以能够维持代表性鸟类要求的栖息环境作为标准，核算生物栖息地需水量。通过实地调研濒危鸟类、当地优势鸟类和水生植物以及查阅文献资料发现，大白鹭、大鸨、骨顶鸡是黄河中游湿地自然保护区的代表性物种。因此，建立大白鹭、大鸨、骨顶鸡全生活周期的需水模型，核算其在生长期、繁殖期等生命阶段的需水量，绘制不同生命阶段的需水变化曲线，分析栖息地需水变化规律。

$$W_h = \beta A_h H_1 \qquad (7\text{-}3)$$

式中，W_h 为鸟类栖息地需水量（m³），如表 7-5 所示；β 为水面占比（%）；A_h 为面积（m²）；H_1 为平均水深（m）。

表 7-5　湿地鸟类栖息地生态需水级别

生态需水级别	湿地面积/km²	比例/%	栖息地水深/m	需水量/亿 m³
最小	A	20~40	0.2~0.4	(0.2~0.4)×(0.2~0.4)×A
适宜	A	40~60	0.4~0.8	(0.4~0.6)×(0.4~0.8)×A

水文过程影响水生植物的生长面积和空间分布，水深和水生植物共同影响鸟类的栖息地环境质量。根据湿地生态系统类型、湿地鸟类和鱼类生物生活习性以及湿地植被资源状况，4~6 月是湿地水生植物萌发和生长的关键时期，水位过高会降低水生植物的萌发率，并影响植物的生长。7~10 月，由于降水量增加以及上下游水库防洪和农田灌溉的需要，水深不断增加，开阔水域面积逐渐扩大，植物生长的区域透明度降低，导致植物面积减少、生物量下降。11 月至次年 3 月是冬候鸟取食的关键时期，在汛期末进入枯水期，湿地水位下降，此时湿地面积的维持则是满足越冬鸟类觅食需求的基础。因此，本节确定的黄河中游沿河湿地生态需水核算的三个关键时期分别为 4~6 月（敏感期繁殖、萌芽）、7~10 月（汛期）和11 月至次年 3 月（汛后枯水期）等。

其中，敏感期生态需水是基于指示物种在繁殖或者越冬期对水深、流速等水文生态指标的需求。大白鹭、大鸨、骨顶鸡对栖息地的适宜水深有不同的要求，主要与其如何在湿地中有效获取其所需食物密切相关，三种鸟类在四季觅食和筑巢的水深需求见表 7-6。大白鹭在

8.2.1 生态需水整合目标

在设置生态需水整合目标时，要考虑河流的水文条件以及生态系统的发展情况。在河流的流量比较丰沛，且生态环境本底条件较好时，要设置高水平整合目标，尽量满足所有类型的生态需水要求，以便维持生态系统的健康发展；在河流径流量不充足或生态环境一般时，要设置中水平整合目标，尽量保障物种能够自由地繁衍生息，如繁殖期（4~6 月），主要维持河道生物产卵与繁育的流量需求；在河流径流量较少或者生态环境本底条件较差时，设置低水平整合目标，满足敏感性物种和生态区域的生态需水，保证河流生物生存的最小流量的生态需水目标，如在越冬期（11 月至次年 3 月），主要维持河流不断流的最基本的流量需求。

同一个断面的不同生态水文期的生态流量需求不同，这样就造成了过渡带出现一个对生物多样性保护非常不利的不连续的跃层。很多生物形成了对自然流量历时、频率和变化等较强的依赖性。天然水流过程是诊断河流水文状态的指标之一，维持近似天然的水流过程对于恢复河流健康和保障生物的多样性具有重要意义。因此，本章兼顾水流过程的连续性和流量历时等指标，对不同类型的生态流量进行整合（Richter，1997），力求发挥天然生态最本质的作用。

8.2.2 生态需水过程的整合

河流的水生态功能具有多样性，生态水量应首先满足生态系统服务水平较高区域的需求，同时要兼顾生态服务水平低的水域。生态需水整合原则主要包括：

（1）全河段协同考虑。将河流视为一个统一的整体，考虑不同断面间流量的关联性和匹配性，经综合优化后进行核算。

（2）优先保证鱼类产卵场、栖息地生态需水。黄河中游典型区的河流和湿地资源以为鸟类和鱼类提供适宜的栖息地为目标，因此，在进行不同类型的生态需水整合时，应首先保证鱼类和鸟类的生态需水。另外，还要考虑生态需水的异质性。

（3）水资源可调控性。随着水利工程的增多，径流可控性增强。因此，在生态需水整合时不仅考虑上下游水流连续性，还要考虑水利枢纽的调节控制效应。例如，龙门断面水量和上游头道拐断面密切相关，为保证龙门断面的流量达到控制要求，应从流量连续性和平衡方面进行综合考虑。

因此，在进行生态需水整合时，要综合考虑不同类型的生态需水在时间尺度上的差异性、空间分布上的连续性，兼顾不同类型生态需水总量和过程，取其最大值，并根据水库对水资源的控制效应，整合不同类型的生态需水过程。

8.3 黄河中游关键断面生态需水目标及流量过程耦合

头道拐断面是黄河上中游分界断面，是黄河中游协调水沙关系和山西引黄工程水资源开发利用的重要控制断面，同时也是黄河中游重要景点——壶口瀑布的重要控制断面。龙门断面水量和上游头道拐断面密切相关，为保证龙门断面的流量达到控制要求，应考虑流量连续性和平衡方面。龙门至三门峡河段，黄河流经汾渭地堑，河谷展宽，河道宽、浅、乱，冲淤变化剧烈，黄河摆动频繁，形成了大面积的沿河洪漫滩湿地（图8-1）。湿地主要生态保护目标包括为鱼类和鸟类提供栖息地、滞蓄河道洪水和维持生态平衡。

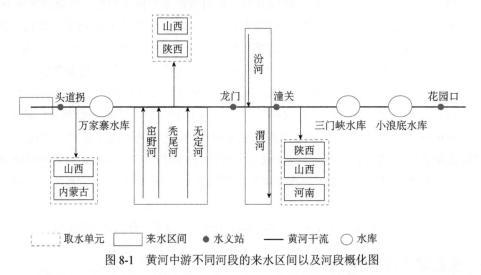

图 8-1　黄河中游不同河段的来水区间以及河段概化图

基于此河段河流的生态功能、国家相关部门划定的湿地自然保护区、水产种质资源保护区等，根据保护目标和水文条件要求，本章确定的龙门断面和花园口断面生态需水控制指标包括生态基流、敏感期生态流量、脉冲流量过程和廊道维持流量等。

1. 生态基流

针对黄河中游典型生物的栖息生境生态保护需求，参照黄河鱼类产卵、越冬、洄游等不同生命周期和黄河枯水流量要求，从维持黄河生态系统极限条件和保护生物物种及种群安全方面考虑，同时兼顾龙门断面水流的连续性，最终确定黄河中游头道拐断面的生态基流。

2. 敏感期生态流量

敏感期生态流量主要考虑敏感水生生物和湿地对河流水量、流量和水位、流速等的要求。黄河中游产卵鱼类，对产卵育幼和越冬期的河道流速、流量及变化幅度有阈值要求。因此，敏感期生态流量应参考鱼类需水适宜度曲线进行核算确定。

3. 脉冲流量过程

很多生物对天然河流脉冲流量的大小、频率和持续时间等具有极高的依赖性。具有天然水流过程的河流，其水文系统较健康。因此，选取黄河干流修建水库前（1957 年前）的水文情况作为参照系统，结合黄河水文变化情势厘清敏感期脉冲流量过程。

4. 廊道维持流量

黄河中游头道拐—龙门河段是峡谷深切河流，廊道维持较好。龙门下游的河段是河流湿地的代表断面，属于宽浅河道主槽和滩地的复合断面类型，湿地补水方式主要包括河流洪泛和地下水补给。

廊道维持流量需综合考虑断面生态流量过程、动态输沙需水过程和湿地生态补水量，对它们的流量过程及水量进行整合，合理确定出生态优先的河道内保障水量，即 $Q_{生态需水量}=\max$（$Q_{干流非汛期生态需水}$，$Q_{湿地生态补水}$）$+\max$（$Q_{干流汛期生态}$，$Q_{汛期输沙}$，$Q_{湿地生态补水}$），黄河中游断面生态需水及生态流量耦合示意图见图 8-2。

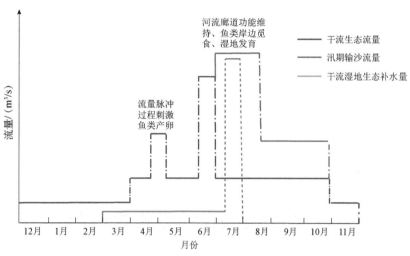

图 8-2　黄河中游断面生态需水及生态流量耦合示意图

8.4　不同生态目标下的生态需水

8.4.1　关键断面河流生态需水量

基于第 6 章提出的生态需水核算方法，选取黄河干流龙门断面和花园口断面为研究对象，以黄河干流修建水库前（1957 年前）的水文情况作为参照系统，分析不同流量下鱼类栖息地变化，并耦合生境模拟与水文参照系统的特征，核算适宜鱼类的流量范围，并分析代表性鱼类的生态需水过程，得出已耦合了近似天然状态的河流流量指标因素的黄河中游干流关键断面生态需水过程评估结果（表 8-1）。

表 8-1　黄河中游干流关键断面生态需水过程评估结果

断面	类别	生态流量/（m³/s）			流量脉冲			年生态需水量/10⁸ m³
		4～6 月	7～10 月	11 月至次年3 月	次数/（次/年）	时间/d	峰值流量/（m³/s）	
龙门	最小	260	600	120	1	10	1100	103
	适宜	300	600	200	1～2	10	1200	115
花园口	最小	350	630	220	1	10	1500	80
	适宜	500	3500	400	1～2	15	2000	154

4 月中下旬应保证出现一次低流量峰值的高脉冲流量过程，峰值流量分别在 1000 m³/s 和 1500 m³/s 左右，以确保能够为鱼类提供产卵信号；5～6 月的高脉冲流量过程中，峰值流量分别为 1000～1400 m³/s 和 1500～2000 m³/s。龙门和花园口断面生态需水总量分别为（103～115）×10⁸m³ 和（80～154）×10⁸m³。

8.4.2　河道输沙需水量

黄河泥沙淤积主要分布在黄河下游（64.8%）、宁蒙河段（19.4%）和中游小北干流河段（15.8%）（水利部黄河水利委员会，2013）。根据黄河中游水沙关系，以及按上游来沙 0.8×10⁸ t 和下游来沙 2.5×10⁸ t 的现状，在控制河道年均淤积不超过 20% 的条件下，在不漫滩条件下流量越大输沙能力越强，洪水期输沙流量须达到 2500～3500 m³/s；在维持下游河段冲淤平衡条件下，需采用最大流量 3500 m³/s 输沙，这种情况下，花园口断面输沙需水量为 92.7×10⁸ m³，其中汛期输沙需水量为 47.9×10⁸ m³。

8.5　黄河中游典型区生态需水整合

由于水库及其他水利工程设施会干扰河流水文情势，而水质状况又随不同水文情势条件的变化而发生改变。因此，生态流量（生态需水量）整合时需要考虑水环境流量需求、上下断面之间流量的匹配性、水利工程运行调度和现状实际流量过程等因素，综合确定科学合理、操作性强的河流生态流量。

本节分析产卵期流量脉冲，用于刺激鱼类产卵；塑造脉冲流量，制造一定的漫滩过程用于维持河流廊道功能、鱼类觅食、湿地发育等；不同需水时段沿河湿地生态需水，以维持湿地栖息地生态功能。产卵期要有一定的流量历时、频率、变化率等，以满足产卵期提供产卵（萌芽）信号、刺激鱼类（植物）等产卵（萌芽）；汛期也要有一定的流量历时、频率、变化率等，主要维持河道输沙、湿地栖息地面积以及鱼类岸边带觅食等生态功能。龙门断面越冬期要维持一定的生态流量，主要是为了满足湿地鸟类越冬栖息需求。黄河中游重要断面生态需水过程见图 8-3 和图 8-4。

考虑河流的生态功能、水沙条件、国家相关部门划定的湿地自然保护区、水产种质资源保护区等，根据各断面的生态流量控制要求整合生态需水（表 8-2）。研究发现，龙门断面全年生态需水量为（107～125）×10⁸m³；关键期 4～6 月最小生态需水 260 m³/s，适宜生态需水 300 m³/s。花园口断面全年生态需水量为（80～154）×10⁸m³；关键期 4～6 月最小生态需水 350 m³/s，适宜生态需水 500 m³/s。为保证河道输沙的冲淤平衡等，还应保证各河段较大的汛期流量（头道拐断面要保证汛期输沙流量大于 2500 m³/s，花园口断面要保证下游河道大于 3500 m³/s 的输沙流量）以维持河道高效输沙。将本章整合结果与《黄流规》中的相关数据对比研究发现，本章所得到的生态需水量略低于《黄流规》的生态需水量；而生物繁殖期（4～6 月）的生态流量略高于《黄流规》，且本章得到的生态需水结果具有明确的生态流量过程，计算结果更加合理。

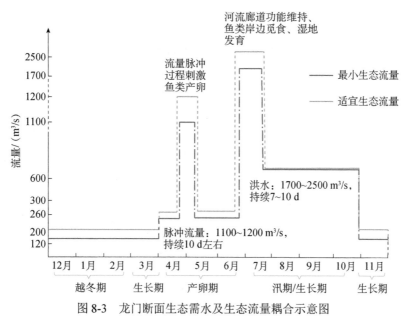

图 8-3　龙门断面生态需水及生态流量耦合示意图

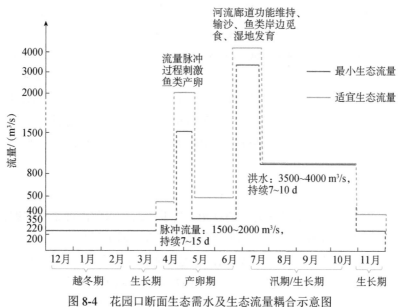

图 8-4　花园口断面生态需水及生态流量耦合示意图

表 8-2　黄河中游干流重要断面生态需水整合结果

断面	生态流量过程/（m³/s）			汛期需水量/10⁸m³	年生态需水量/10⁸m³	预警流量/（m³/s）
	11月至次年3月	4~6月产卵期	7~10月汛期			
龙门	120~200	260~300 脉冲：1100~1200	洪水峰值： 1700~2500	—	107~125	100
花园口	220~400	350~500 脉冲：1500~2000	洪水峰值： 3500~4000	42.9	80~154	150

8.6 讨论与小结

8.6.1 讨论

进行生态需水整合时，要综合考虑不同类型的生态需水在时间尺度上的差异性、空间分布上的连续性、兼顾不同类型生态需水总量和过程，并根据水库对水资源的控制效应，整合不同类型的生态需水过程。目前，生态需水评估仅仅关注水量的需求，对流量过程指标的关注不够；同时缺乏对研究河段水体功能和生态保护目标的识别，忽略了沿河湿地生态需水，导致整合结果难以应用到黄河水资源的配置和保护中，不能适应最严格水资源管理制度的管理需求。

黄河中游典型区的河流和湿地资源以为鸟类和鱼类提供适宜的栖息地为目标，因此，在进行不同类型的生态需水整合时，应首先保证鱼类和鸟类的生态需水，另外还要考虑植被生态需水的异质性。本章所得到的龙门断面和花园口断面的年生态需水量分别为（107～125）×10^8m³ 和（80～154）×10^8m³，略低于《黄流规》的生态需水量；而鱼类和鸟类繁殖关键期（4～6月）的生态流量（龙门断面和花园口断面4～6月的最小生态需水分别为 260 m³/s 和 350 m³/s，适宜生态需水分别为 300 m³/s 和 500 m³/s）略高于《黄流规》，且本章得到的生态需水结果具有明确的生态流量过程，即龙门断面和花园口断面4～6月保障1～2次流量峰值分别为 1100～1200 m³/s 和 1500～2000 m³/s，持续时间 10 d 左右的脉冲流量；同时为保证河道输沙的冲淤平衡以及水量的连续性等，头道拐断面要保证汛期输沙流量大于 2500 m³/s，花园口断面要保证下游河道大于 3500 m³/s 的输沙流量，计算结果更加合理。

8.6.2 小结

本章从不断发展的水资源管理需求的视角，基于生态需水前沿理论和实践需求，对黄河中游典型区关键断面和沿河湿地生态需水进行阈值整合，研究发现：

（1）4～6月是鱼类及鸟类重要繁殖期，也是芦苇的重要生长期，这段时期内需要黄河给予淡水补给。龙门断面全年生态需水量为（107～125）×10^8m³；关键期 4～6月最小生态需水 260 m³/s，适宜生态需水 300 m³/s。花园口断面全年生态需水量为（80～154）×10^8m³；关键期 4～6月最小生态需水 350 m³/s，适宜生态需水 500 m³/s。本章所得到的生态需水量略低于《黄流规》成果，而生物繁殖期（4～6月）的生态流量略高于《黄流规》，且具有明确的流量过程，计算结果合理。

（2）为利于河道高效输沙，即使按上游来沙 0.8×10^8t 和下游来沙 2.5×10^8t 的水平，也需要配合上、下游河道分别为 2500 m³/s、3500 m³/s 以上，且持续 10 d 左右的洪水过程，这样才能保证河槽冲淤平衡以及鱼类获得充足的食物。

第9章 缺水条件下黄河干流中游湿地生态风险研究

9.1 引 言

生态系统为人类生存提供了必需的物质条件和环境条件。20世纪90年代以来，"生态系统服务"这一概念逐渐被确立和发展起来，其指人类直接或间接从生态系统中获得的效益（彭建等，2017）。生态系统服务价值是指生态系统为社会经济发展和人类生存提供的无形或有形资源的价值（谢高地等，2015）。在过去30多年中，关于生态系统服务及其价值评估方面的研究是环境经济学和生态经济学领域中最重要和发展最快的研究之一（江波等，2011；Ouyang et al.，2016；石薇等，2021）。生态系统服务价值研究从需求侧入手，采用货币作为其度量单位，其根本目的是通过人们的权衡比较，尝试为政策制定和决策过程提供更全面的资料，以应对稀缺资源分配中的竞争需求（Beer，2018；Tanner et al.，2019）。

黄河河流生态系统中的湿地主要是洪泛作用形成的，其是联系陆地生态系统和水生生态系统的纽带，具有维持生物多样性、涵养水源、拦截和过滤物质流、净化水质等重要生态功能，是维护流域生态安全的重要基础。湿地生态系统比较脆弱，极易受到水文过程和环境变化的影响，从而改变湿地的正常演变过程，影响湿地生物多样性。湿地植物作为主要的生产者，在湿地生态系统中具有为生物提供食物、住所或繁殖栖息地，防止水土流失和提供景观舒适价值等服务功能。

生态需水的保障有利于维护生态系统的平衡，实现生态系统的健康发展。目前，由于黄河上游的发电需求、水库调度及湿地土地利用方式的改变等，湿地的生态需水往往不能及时得到满足，湿地生态系统健康发展存在一定的风险。生态风险评价是评价自然灾害、人为干扰等风险源对生态系统及其组分造成不利影响的可能性及其危害程度的复杂的动态变化过程（许妍等，2012）。有的学者将生物多样性测量作为生态风险评价的关键测量终点，以支持风险和服务损失之间的转换（Wayne et al.，2009）。因此，本章依据生态水量（水位）不能满足时相应的生态服务价值损失量来量化湿地生态缺水的生态风险。

本章以黄河中游干流沿河湿地为研究对象，首先开展基于生态系统服务和权衡的综合评估（integrated valuation of ecosystem services and trade-offs，InVEST）模型的各种生态系统服务物质量评估，并采用生产成本的估价方法核算生态系统服务价值量；然后分析生态需水要素与湿地生态系统服务价值间的关系；最后明晰生态缺水（生态需水缺少）对湿地生态系服务价值的影响效应（生态缺水风险）。

9.2 典型生态系统服务价值评估方法

湿地作为与水密切相关的生态系统，为生态系统提供了空间，并包含特定的生态系统结构和功能。湿地植物作为湿地的初级生产者，在湿地生态中扮演着重要的角色，其为各种生物提供食物、庇护或繁殖栖息地，防止侵蚀，并提供景观美化价值。纵观历史，人类一直将湿地水域用于经济、社会和文化等目的。因此，湿地为人类提供着供给、调节和文化生态系统服务，对人类和生态系统可持续发展具有重要意义（Jaeger et al.，2013）。例如，典型的陕西黄河湿地省级自然保护区和山西运城湿地自然保护区，在蓄滞洪水、调节径流、提供游禽鸟类栖息、改善区域气候和净化水体等方面发挥着重要作用。

龙门以下河段河道面积约为 1107 km²，沿河湿地面积为 1257.8 km²，其中，滩地面积为 696 km²（李杨俊等，2018）。根据黄河中游沿河湿地的地域特征，本节选取了固碳释氧、土壤保持、水文调节和生境质量作为典型的生态系统服务评估指标。采用 InVEST 模型对各种生态系统服务进行物质量评估，并基于生产成本的估价方法核算生态系统服务价值量。

9.2.1 固碳释氧服务评估方法

1. 物质量评估方法

固碳释氧是指植被通过光合作用固定大气中的 CO_2，释放 O_2，维持大气碳氧平衡的功能。光合作用化学方程式表明，每形成 1 g 干物质能吸收 1.63 g CO_2 并释放 1.2 g O_2（黄怀雄和赵红艳，2010）。因此，通过测量生态系统的净初级生产力（net primary production，NPP），就能估算出生态系统的固碳能力。本章采用 CASA（Carnegie-Ames-Stanford approach）模型评估黄河典型流域的净初级生产力：

$$NPP(x,t) = APRA(x,t) \times \varepsilon(x,t) \tag{9-1}$$

式中，x 为空间位置；t 为时间。

$$APRA(x,t) = SOL(x,t) \times FPAR(x,t) \times 0.5 \tag{9-2}$$

式中，SOL 为栅格 x 在 t 月的太阳总辐射量［MJ /（m²·月）］；FPAR 为植被层吸收有效辐射比例；0.5 为植被利用的太阳辐射占总辐射比例。

$$FPAR(x,t)_{NDVI} = \frac{(NDVI(x,t) - NDVI_{i,min}) \times (FPAR_{max} - FPAR_{min})}{NDVI_{i,max} - NDVI_{i,min}} + FPAR_{min} \tag{9-3}$$

$$FPAR(x,t)_{SR} = \frac{(SR(x,t) - SR_{i,min}) \times (FPAR_{max} - FPAR_{min})}{SR_{i,max} - SR_{i,min}} + FPAR_{min} \tag{9-4}$$

$$FPAR(x,t)_{SR} = \frac{FPAR_{NDVI} + FPAR_{SR}}{2} \tag{9-5}$$

式中，$NDVI = \dfrac{band4 - band3}{band4 + band3}$；$SR(x,t) = \dfrac{1 + NDVI(x,t)}{1 - NDVI(x,t)}$；$FPAR(x,t)_{NDVI}$、$FPAR(x,t)_{SR}$ 分别为植被层对有效辐射的吸收比例；$FPAR_{max}$、$FPAR_{min}$ 分别为 0.95 和 0.001；$NDVI_{i,max}$ 和 $NDVI_{i,min}$ 分别为对应 i 植被的 NDVI 最大值和最小值；$SR_{i,max}$ 和 $SR_{i,min}$ 分别为对应 i 植被 S R 的 95% 和 5% 下侧百分位数。

实际光能利用率估算方法。在现实中，植被光能利用率受温度、水分因子影响（Potter et al.，1993），其计算公式如下：

$$\varepsilon(x,t) = T_{\varepsilon 1}(x,t) \times T_{\varepsilon 2}(x,t) \times W_{\varepsilon}(x,t) \times \varepsilon_{max} \tag{9-6}$$

$$T_{\varepsilon 1}(x,t) = 0.8 + 0.02 \times T_{opt}(x) - 0.0005 \times \left[T_{opt}(x) \right]^2 \tag{9-7}$$

$$T_{\varepsilon 2}(x,t) = \frac{1.184}{1 + \exp\left[0.2 \times T_{opt}(x) - 10 - T(x,t) \right]} \times \frac{1}{1 + \exp\left[0.3 \times \left(-T_{opt}(x) - 10 - T(x,t) \right) \right]} \tag{9-8}$$

$$W_{\varepsilon}(x,t) = 0.5 + 0.5 \times \frac{EET(x,t)}{EPT(x,t)} \tag{9-9}$$

式中，$\varepsilon(x,t)$ 为实际光能利用率；$T_{\varepsilon 1}(x,t)$、$T_{\varepsilon 2}(x,t)$ 和 $W_{\varepsilon}(x,t)$ 分别为低温、高温和水分因子对光能利用率的胁迫作用；$T_{opt}(x)$ 为植物生长的最适温度；EET 和 EPT 分别为实际和潜在蒸散发量（mm）。

2. 价值量评估方法

本节采用替代成本法对植被固碳释氧服务进行 ESV 评估（石薇等，2021）。计算公式如下（姚利辉，2017；温宥越等，2020）：

$$ESV_{NPP} = (NPP \times 2.2) \times \upsilon \times P_f \tag{9-10}$$

式中，ESV_{NPP} 为固定 CO_2 的 ESV（元）；N P P 为净初级生产力（g C/m^2）；υ 为碳转换为 CO_2 的系数，取 1.63；P_f 为固定 1t CO_2 的造林成本（元/t），森林生态系统每固定 1t 的 CO_2 的中国造林成本为 251～305 元（因地而异）[《森林生态系统服务功能评估规范》（LY/T 1721—2008）]（孟祥江，2011；王方，2012；丁娜娜，2014），本节采用这些成果的平均值 272.65 元/t 作为估算参数。

9.2.2 土壤保持服务评估方法

1. 物质量评估方法

土壤保持服务是指生态系统减轻降水对土壤侵蚀的作用，可通过潜在土壤侵蚀量与实际土壤侵蚀量的差值获取（肖寒等，1999）。通用土壤流失方程表示土壤流失量与其影响因子间定量关系的侵蚀数学模型（张勇，2015）。本节采用土壤流失方程分别计算了黄河中游典型区域的潜在土壤侵蚀量和一定耕作方式、经营管理制度下的实际土壤流失量。生态系统提供的土壤保持服务能力为

$$A_c = A_p - A_r \tag{9-11}$$

$$A_p = R \times K \times LS \tag{9-12}$$

$$A_r = R \times K \times LS \times C \times P \tag{9-13}$$

式（9-12）中，R 为降雨侵蚀因子，采用暴雨动能和最大 30 min 降雨强度乘积来反映。降雨侵蚀力（章文波等，2002）公式如下：

$$R_i = \alpha \sum_{j=1}^{k} (P_j)^{\beta} \tag{9-14}$$

式中，R_i 为第 i 个半月的侵蚀力 [MJ·mm/(hm²·h)]；k 为日雨量≥12 mm 的天数；P_j 为半月内第 j 天的日雨量（日雨量≥12 mm）；α 和 β 为模型参数，根据降雨特征进行估算。

式（9-12）中，K 为土壤可蚀性因子。采用 EPCI 模型对其进行估算（王小丹等，2004），其公式为

$$K = \left\{ 0.2 + 0.3\exp\left[-0.0256 S_d \left(1 - \frac{S_i}{100} \right) \right] \right\} \times \left[\frac{S_i}{Cl + S_i} \right]^{0.3} \times \left[1.0 - \frac{0.25C}{C + \exp(3.72 - 2.95C)} \right]$$
$$\times \left\{ 1 - \frac{0.7 \times \left(1 - \frac{S_d}{100} \right)}{1 - \frac{S_d}{100} + \exp\left[-5.51 + 22.9\left(1 - \frac{S_d}{100} \right) \right]} \right\} \tag{9-15}$$

式中，S_d、S_i、Cl 和 C 分别为砂粒、粉粒、黏粒和有机碳含量。

式（9-12）中，L、S 为坡长、坡度因子，反映地形地貌对土壤侵蚀的影响（齐述华等，2011）。坡长计算公式如下：

$$L = (\lambda / 22.13)^{\alpha} \tag{9-16}$$

$$\lambda = \text{flowacc} \cdot \text{cellsize} \tag{9-17}$$

式中，λ 为坡长；flowacc 为上坡来水流入该像元的总像元数；cellsize 为像元边长；α 为坡长因子指数。

S 因子采用分段计算，计算公式（Liu et al.，1994）如下：

$$S = \begin{cases} 10.8\sin\theta + 0.03 & (\theta < 5°) \\ 16.8\sin\theta - 0.50 & (5° \leqslant \theta \leqslant 10°) \\ 21.9\sin\theta - 0.96 & (\theta > 10°) \end{cases} \tag{9-18}$$

式（9-13）中，C 为植被覆盖与管理因子，主要受地表土地利用方式与植被覆盖度的影响。计算公式为

$$C = \exp\left(-\alpha \times \frac{\text{NDVI}}{\beta - \text{NDVI}} \right) \tag{9-19}$$

式中，NDVI 为植被覆盖度；α 和 β 取值分别为 2 和 1。

式（9-13）中，P 为水土保持措施因子，不同土地利用方式的数值见表 9-1。

表 9-1 不同土地利用方式的水土保持措施因子

土地利用类型	C	P	土地利用类型	C	P
耕地	0.28~0.36	0.4	水域	0	0.001
林地	0.001~0.1	1	建设用地	0~0.001	0.001
草地	0.05~0.2	1	其他用地	1	1

2. 价值量评估方法

土壤保持的价值主要表现为减少了因水土流失形成河湖和水库的泥沙淤积，还减少了因水土流失造成的土壤肥力丧失。本节采用恢复成本法计算土壤流失造成的经济损失，替代保护土壤的价值。根据《森林生态系统服务功能评估规范》，人工每挖 1 m³ I 类和 II 类土的费用为 8.4 元/m³（吴腾飞等，2015）。将土壤保持量折算成表土层的体积，然后乘以每挖 1 m³ 土的费用，就得到生态系统每年土壤保持价值：

$$\mathrm{ESV}_s = \left(\frac{A_c}{\rho}\right) \times C \tag{9-20}$$

式中，ESV_s 为土壤保持价值（元）；A_c 为土壤保持量（t）；C 为恢复 1 m³ 土方的成本（元/m³）；ρ 为土壤容重（g/cm³），取值 1.474 g/cm³（刘云鹏等，2011）。

9.2.3 水文调节服务评估方法

1. 物质量评估方法

水文调节服务是指生态系统对水循环的各种影响和作用，大多以水产出指标进行表征。InVEST 模型提供了水量模块来评估产水量，包括降水量和蒸散发量（Kusi et al.，2020）。水量模块需要输入潜在蒸散发量、降水量、土地利用、植物有效含水量、根系限制层深度、流域和生物等参数。

该模块基于 Budyko 水热耦合平衡假设（1974 年）和年平均降水量数据，首先，确定研究区每个栅格单元 x_i 的年产水量 W_{x_i}，公式如下：

$$W_{x_i} = \left(1 - \frac{\mathrm{AET}_{x_i}}{P_{x_i}}\right) \times P_{x_i} \tag{9-21}$$

$$\frac{\mathrm{AET}_x}{P_x} = 1 + \frac{\mathrm{PET}(x)}{P_x} - \left[1 + \left(\frac{\mathrm{PET}(x)}{P_x}\right)^{\omega}\right]^{\omega^{-1}} \tag{9-22}$$

$$\mathrm{PET}(x) = K_c(l_x) \times \mathrm{ET}_0(x) \tag{9-23}$$

$$\omega(x) = Z\frac{\mathrm{AWC}_x}{P_x} + 1.25 \tag{9-24}$$

式中，W_{x_i} 为栅格 x_i 产水量（mm）；AET_{x_i} 为栅格 x_i 的年实际蒸散发量（mm）；P_{x_i} 为栅格 x_i 的年降水量（mm）；$\frac{\mathrm{AET}_x}{P_x}$ 为植被蒸散发；$\mathrm{PET}(x)$ 为潜在蒸散发量（mm）；$\mathrm{ET}_0(x)$ 为栅格

x 的参考作物蒸散发量；$\omega(x)$ 为自然气候和土壤性质的非物理参数，取值 $1.25\sim5$；$K_c(l_x)$ 为栅格 x 中植物蒸散发系数；AWC_x 为土壤有效含水量（mm）；Z 为经验常数，表征区域降水分布及其他水文地质特征。

2. 价值量评估方法

本节采用影子价格法估算湿地水文调节服务价值，公式为

$$\mathrm{ESV_w} = W \times P_r \tag{9-25}$$

式中，$\mathrm{ESV_w}$ 为水源调节服务价值（元）；W 为产水量（m^3）；P_r 为单位库容成本（元/m^3），参照相关研究，本章中取值为 1.5 元/m^3。

9.2.4 生境质量评估方法

1. 生境质量指数评估方法

本节采用 InVEST 模型中的生境质量评估模块分析湿地生境质量的变化情况。该模型综合考虑了土地利用、覆被信息和人类活动等因子对生境质量的影响（王宏杰，2016），主要指标包括四个：

（1）威胁源的相对影响。威胁源权重（W_r）是指威胁源对生境的相对影响。本章参照黄河流域生境质量评估成果（周亮等，2021）、模型推荐的参考值并考虑当地实际情况，选取了人类活动比较密集的区域作为威胁源，如耕地、城市和道路等。不同威胁源的权重和最大影响距离如表 9-2 所示。

表 9-2　生境各种威胁源的最大影响距离及权重

威胁源	最大距离/km	权重	威胁源	最大距离/km	权重
耕地	5	0.7	其他建设用地	5	0.8
城市	10	1	铁路/高速公路	4	0.6
农村	6	0.8	主要道路	3	0.5

（2）生境像元与威胁源间的距离。威胁的程度随像元与威胁源距离的增加而减少，因此，距离威胁源较近的像元将受到较大影响。威胁 r 在像元 x 的生境对像元 y 的影响（ry）用 i_{rxy} 表示，公式如下：

$$\text{线型：} \quad i_{rxy} = 1 - \left(\frac{d_{xy}}{d_{r\max}}\right) \tag{9-26}$$

$$\text{指数型：} \quad i_{rxy} = \exp\left(-\left(\frac{2.99}{d_{r\max}}\right)d_{xy}\right) \tag{9-27}$$

式中，i_{rxy} 为威胁 r 在像元 x 的生境对像元 y 的影响；d_{xy} 为生境的 x 像元与威胁源的 y 像元的距离。$d_{r\max}$ 则分别作为威胁源 r 的权重和最大影响范围。

（3）生境像元受到制度、社会保护的水平（β_x）。

（4）不同生境类型对每一种威胁的敏感性（$S_{jr} \in [0,1]$，越接近 1 表示越敏感），见表 9-3。

表 9-3　不同土地利用类型生境适宜度及其对各威胁源的敏感性

土地利用类型	生境适宜度	耕地	城镇	农村	其他建设用地	铁路	高速公路	主要道路
耕地	0.4	0.3	0.5	0.4	0.1	0.4	0.4	0.45
有林地	1	0.8	1	0.85	0.6	0.75	0.7	0.6
灌木林	1	0.4	0.6	0.5	0.2	0.85	0.8	0.7
疏林地	1	0.9	1	0.9	0.7	0.75	0.7	0.65
其他林地	0.7	0.9	1	0.9	0.7	0.7	0.65	0.6
高覆盖度草地	0.8	0.4	0.6	0.5	0.2	0.65	0.6	0.5
中覆盖度草地	0.7	0.5	0.7	0.5	0.3	0.68	0.65	0.6
低覆盖度草地	0.6	0.5	0.6	0.5	0.4	0.7	0.68	0.65
河渠	1	0.7	0.9	0.8	0.5	0.85	0.85	0.85
湖泊	1	0.7	0.9	0.8	0.5	0.7	0.7	0.7
水库、坑塘	1	0.7	0.9	0.8	0.6	0.6	0.6	0.6
滩涂	0.6	0.7	0.9	0.8	0.6	0.4	0.4	0.4
滩地	0.6	0.7	0.8	0.7	0.6	0.35	0.35	0.35
沼泽地	0.5	0.4	0.4	0.2	0.4	0.3	0.3	0.3
其他	0	0	0	0	0	0	0	0

因此，在生境类型 j 中像元 x 的总威胁水平（D_{xj}）为

$$D_{xj} = \sum_{r=1}^{R} \sum_{y=1}^{Y_r} \left(\frac{W_r}{\sum_{r=1}^{R} W_r} \right) r_y i_{rxy} \beta_x S_{jr} \tag{9-28}$$

采用半饱和函数将一个像元退化分值解译成生境质量得分值。生境类型 j 中的斑块组 x 的生境质量（D_{xy}）为

$$D_{xy} = H_j \left(1 - \left(\frac{D_{xj}^z}{D_{xj}^z + k^z} \right) \right) \tag{9-29}$$

式中，D_{xj} 为生境类型 j 中第 x 个生境像元的生境质量得分；H_j 为生境类型 j 的生境适宜度，当不考虑具体物种的生境情况下，H 值为二变量值（1：生境；0：非生境）；z 和 k 采用模型默认参数，分别为 2.5 和 0.5。

2. 价值量评估方法

根据不同等级的生境质量面积核算生境保护的价值量。计算公式为

$$\text{ESV}_H = A \times P_h \tag{9-30}$$

式中，ESV_H 为生境质量服务价值（元）；A 为不同质量的生境面积（hm²）；P_h 为不同质量

生境的单位面积价值（元/hm²）。

根据《森林生态系统服务功能评估规范》，将生境质量分为 7 个等级。不同等级的单位面积价值为：当 $Q<0.10$ 时，P_h 为 3000 元/hm²；当 $0.10\leq Q<0.25$ 时，P_h 为 5000 元/hm²；当 $0.25\leq Q<0.40$ 时，P_h 为 10000 元/hm²；当 $0.40\leq Q<0.55$ 时，P_h 为 20000 元/hm²；当 $0.55\leq Q<0.70$ 时，P_h 为 30000 元/hm²；当 $0.70\leq Q<0.85$ 时，P_h 为 40000 元/hm²；当 $0.85\leq Q\leq1$ 时，P_h 为 50000 元/hm²。

9.3　生态系统服务时空变化分析

9.3.1　典型生态系统服务时空分布特征

黄河中游沿河湿地，主要生态系统服务功能包括蓄滞洪水、调节径流、提供游禽鸟类栖息地、改善区域气候和净化水体等。本节采用 InVEST 模型评估了固碳释氧、土壤保持、水文调节和生境质量服务功能，分析了其时空演变特征。

1. 固碳释氧服务

随着经济的不断发展，城市用地不断扩张以及水土保持工程的持续推进，黄河中游未利用地面积不断减少。生态系统固碳能力较高的区域主要分布在山西沿河漫滩地带（图 9-1），这主要是由于这些地区的生态系统受到人类干扰活动的影响较小，植被生长较好，因此，这些区域的固碳能力较强。2000～2015 年，固碳量呈现出先上升后下降，总体呈现波动性上升的趋势（图 9-1）。从单位面积的固碳强度看，年际变化较大，由 2000 年的 119 g C/m² 上升到 2005 年的 160 g C/m²，之后下降为 2010 年的 138 g C/m²，2015 年单位面积的固碳强度约为 162 g C/m²。单位面积固碳强度变化主要受气象要素的影响，如 2005 年固碳强度的上升主要是当年的日照辐射量较大和气温较高，植被的光合作用较强引起的；2010 年固碳强度下降的主要原因是气温较低。

2. 土壤保持服务

从时间演变上看，土壤保持服务水平呈先增长后下降的变化趋势。其中，2000～2010 年，土壤保持量呈现增加的趋势，由 0.11×10^8 t 增加到 0.15×10^8 t；2010～2015 年，土壤保持量呈现减少趋势，由 0.15×10^8 t 减少到 0.09×10^8 t（表 9-4）。土壤保持量的变化主要受降雨侵蚀力的影响，除此之外，与植被覆盖和管理因子、水土保持因子也有较大的关系。从土壤保持量的空间分布来看，坡高地的土壤保持力较高，平原的土壤保持强度相对较小（图 9-2）。这主要与人类活动方式有关，坡高地的坡度坡长因子相对较大，土地利用方式以耕地、林地和草地为主，因此，坡高地的土壤保持水平较高；在地形平缓地区，坡度坡长因子较小，其土壤保持水平较低。

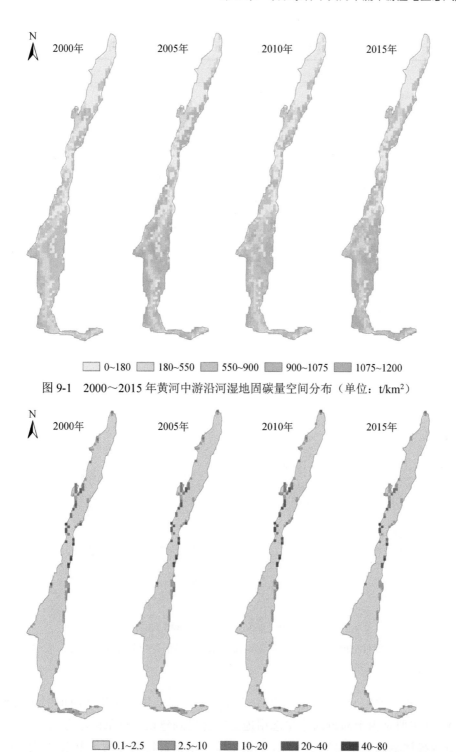

图 9-1 2000~2015 年黄河中游沿河湿地固碳量空间分布（单位：t/km²）

图 9-2 2000~2015 年黄河中游沿河湿地土壤保持服务空间分布（单位：10⁴t/km²）

表 9-4   2000～2015 年土壤保持量及单位面积保持量

指标	2000 年	2005 年	2010 年	2015 年
土壤保持总量/10⁸t	0.11	0.12	0.15	0.09
平均单位面积保持量/（t/hm²）	248.26	259.18	346.42	195.64

3. 水文调节服务

黄河中游典型区的水文调节能力在空间上表现出由南向北逐渐下降的趋势（图 9-3）。2000～2015 年，生态系统的水资源调节能力呈现出先增加后下降的趋势，总体呈现波动性增加趋势，由 2000 年的 $0.52 \times 10^8 \, \text{m}^3$ 增长到 2010 年的 $0.6 \times 10^8 \, \text{m}^3$，之后又略减少至 2015 年的 $0.59 \times 10^8 \, \text{m}^3$。单位面积产水量由 2000 年的 122.82 mm 增加到 2010 年的 141.13 mm，之后又略减少到 2015 年的 139.3 mm。

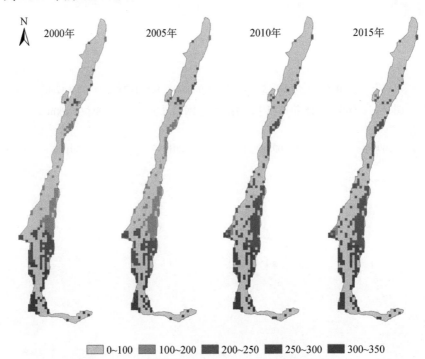

图 9-3   2000～2015 年黄河中游沿河湿地水文调节服务空间分布（单位：mm）

4. 生境质量

从研究区栖息地生境质量指数空间分布上看，栖息地生境质量从河道中间向两岸递减（图 9-4），这主要是由于靠近河岸生态用地更容易受到建设、道路修建等人类活动的干扰。为了更好地描述栖息地生境质量变化，根据生境质量指数将其分为 4 个水平：低（0～0.05）、中（0.05～0.4）、较高（0.4～0.6）和高（0.6～1.0）。从评估结果看，栖息地生态环境质量整体水平较高。2000～2015 年，中等以上质量的栖息地占比 97% 以上，其中，中等水平的占比在 46% 以上，较高质量的栖息地占比在 40% 以上，高质量水平的栖息地占比在 11% 以上。

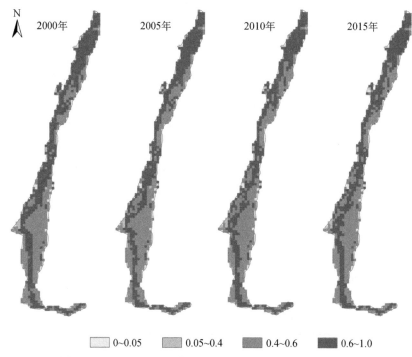

图 9-4　2000～2015 年黄河中游沿河湿地生境质量空间分布

9.3.2　典型生态系统服务价值量时间变化特征

基于不同生态系统服务的物质量与价值量之间的转换方法，本节核算了 2000～2015 年黄河中游典型区四种 ESV（表 9-5）。从不同服务类型的价值量看，支持服务类（栖息地质量）的生境质量是研究区生态系统服务的核心功能，其价值占比一直保持在 75% 以上；其次为水文调节，约占总服务价值的 15%；固碳释氧服务价值和土壤保持服务价值占比较小，分别占总服务价值的 5% 和 3% 左右。2000～2015 年，总的 ESV 呈现出先下降后上升、研究期末生态系统服务价值高于期初的总体特征，由 2000 年的 24.098 亿元增长到 2015 年的 24.389 亿元。从不同服务类型的价值变化趋势上看，水文调节和固碳释氧服务价值整体上呈波动性上升的趋势，分别由 3.409 亿元和 1.002 亿元增长到了 3.868 亿元和 1.365 亿元；而土壤保持服务价值和栖息地质量价值呈波动性下降趋势，分别由 0.637 亿元和 19.050 亿元下降到了 0.490 亿元和 18.666 亿元。

表 9-5　2000～2015 年黄河中游沿河湿地生态系统服务价值　（单位：亿元）

年份	栖息地质量	固碳释氧	土壤保持	水文调节	总价值
2000	19.050	1.002	0.637	3.409	24.098
2001	18.816	1.159	0.593	3.355	23.923
2002	18.622	1.265	0.580	3.342	23.809

年份	栖息地质量	固碳释氧	土壤保持	水文调节	总价值
2003	18.467	1.327	0.592	3.363	23.749
2004	18.347	1.352	0.622	3.413	23.734
2005	18.260	1.349	0.665	3.484	23.758
2006	18.204	1.324	0.715	3.569	23.812
2007	18.176	1.286	0.766	3.661	23.889
2008	18.174	1.241	0.811	3.755	23.981
2009	18.194	1.196	0.846	3.843	24.079
2010	18.236	1.160	0.864	3.918	24.178
2011	18.296	1.140	0.859	3.973	24.268
2012	18.371	1.143	0.825	4.003	24.342
2013	18.459	1.176	0.756	4.000	24.391
2014	18.559	1.248	0.646	3.957	24.410
2015	18.666	1.365	0.490	3.868	24.389

9.3.3 湿地生态服务与生态需水的关系分析

流量的减少将威胁湿地水资源的可持续供应，并影响植被的净初级生产力。此外，流量时间和水量的变化，也会对生态系统服务产生影响，如栖息地的变化，进而影响生态系统服务价值（Chang and Bonnette，2016）。

沿河湿地生态需水需要通过相关的水文参数来表征，参考相关文献并结合研究区的实际情况，本节重点关注湿地上游来水的入流量、洪水天数以及干旱天数等指标。黄河中游龙门以下河段的平滩流量大部分在 2600~3500 m³/s，局部在 4000 m³/s 左右，平滩流量最小为 1700 m³/s。陕西黄河湿地省级自然保护区河段平滩流量为 2400~3500 m³/s，山西运城湿地自然保护区河段上段平滩流量为 3500~4000 m³/s，下段为 2800~3500 m³/s（连煜等，2011；黄锦辉等，2016）。4~6 月为黄河干流鱼类和湿地鸟类、植被繁殖期，水量要形成连片的湿地水域和流量过程，以便为生物提供信号，刺激产卵繁殖，生态需水流速为 252 m³/s。11 月至次年 3 月，作为重要候鸟越冬栖息地，黄河中游湿地生态需水流速为 220 m³/s。

湿地的入流量采用龙门水文站的年流量代替；洪水天数和干旱天数则根据水文站统计资料中日径流的出现频率获得。对于黄河中游沿河湿地，定义洪水天数为一年之中日均流量超过 1700 m³/s 的天数，干旱天数则定义为一年之内日均流量低于 120 m³/s 的天数。1990~2015年黄河中游龙门站水文要素变化情况见图 9-5。

风险要素，建立相应的评估指标体系，根据指标因果关系构建 BN 结构，计算不同情景发生的概率，最终根据输出结果来进行科学决策（Doguc and Ramirez- Marquez，2017）。

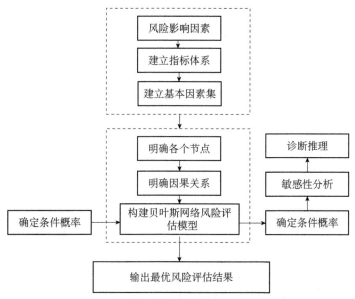

图 9-7　缺水生态风险评估框架

按照风险等级划分原则，将生态缺水事件发生概率划分为：非常高（75%～100%）、高（50%～75%）、中等（25%～50%）和低（0%～25%）四个等级，并根据生态风险发生概率及危险性进行风险分级。本节将生态需水短缺造成的生态系统服务价值损失看作是湿地生态缺水的生态风险，用以下公式来表示：

$$ESV_s = \begin{cases} ESV_0 - ESV_a & ESV_0 > ESV_a \\ 0 & ESV_0 \leqslant ESV_a \end{cases} \quad (9\text{-}31)$$

式中，ESV_0 为现状水资源管理水平下研究区的 ESV（元）；ESV_a 为生态需水缺少条件下的湿地 ESV（元）。

9.4.3　湿地生态需水缺水情景设置

由于黄河中游河段的生态需求和供水情况主要受万家寨水库下泄影响，而供水是黄河水资源的首要功能，是保障两岸人民生活生产的基本条件，同时也是最难控制的部分，保证生态需水是黄河水资源规划的次要任务，目前生态需水的需求已从不断流提升至维持黄河水生生态系统的健康水平。对不同类型生态需水进行整合后得到的不是一个具体的数值，而是一个涉及水量、流速、历时等相关指标的合理取值范围。从生态健康原理角度看，在该范围内，生态需水保障度越高，就越有利于黄河湿地生态系统的健康。

由第 6 章和第 7 章相关研究发现，在考虑黄河未来来水来沙条件时，龙门断面全年适宜生态需水天数保证率均值为 58%；生长期保证率均值为 68%；越冬期适宜生态需水天数保证率均值为 82%；产卵期生态需水天数保证率最低，为 54%。2000～2015 年龙门断面低于预警流量 100 m³/s 的天数为 76 d，占 1.3%，考虑漫滩洪水使得湿地连片的龙门断面 4～6 月生态需水的满足率为 34%。2000 年、2005 年、2010 年和 2015 年生态需水保证率分别为 38.9%、41.6%、59% 和 43.5%。这一变化趋势与生态系统服务价值变化趋势一致。

基于生态目标的生态需水，根据变化环境下黄河水文情势、上游水库的调度方案及黄河水量分配方案等，进行缺水情景设置，分析不同缺水情景下的生态系统服务价值的损失。设置 3 种生态缺水情景，即轻度缺水、中度缺水和严重缺水：①轻度缺水，不能满足湿地最小生态需水量，生态需水量缺少 20%；②中度缺水，不能满足湿地最小生态需水量，生态需水量缺少 50%；③严重缺水，不能满足湿地最小生态需水量，生态需水量缺少 80%。

9.5 湿地缺水生态风险结果分析

9.5.1 湿地缺水风险评估指标体系

由于鸟类偏向于选择食物丰富、食物质量好和隐蔽条件较好的区域作为生境（吴逸群，2017），因此，植物的种类、平均高度、最高高度、灌木密度和草本密度 5 个指标可以反映栖息地质量信息。另外，由于湿地植被 CO_2 固定受到湿地水位升降的影响，且水位变化造成 CO_2 固定的影响持续时间大于 7 d（吕海波，2020）。基于 ESV 与水文指标相关性分析结果，结合湿地和黄河水量调度的现状，将生态系统价值损失（F）作为目标节点；将栖息地因素（S_1）、植被因素（S_2）和水文控制因素（S_3）3 个二级指标作为中间节点；将来水量（上游水库下泄量）、水资源取用程度、水污染发生概率、泥沙变化程度、鱼类和鸟类栖息地生态破坏、植被高度和密度等 13 个三级指标作为证据节点（表 9-6）。基于设置的各级网络节点，根据贝叶斯网络基本原理，遵循证据节点、中间节点和目标节点的连接方式，利用 GeNIe 软件构建了缺水生态风险评估贝叶斯网络结构（图 9-8）。

表 9-6　生态风险评估指标体系

一级指标	二级指标	三级指标
生态系统价值损失（F）	栖息地因素（S_1）	产卵期缺水（d_1）
		越冬期缺水（d_2）
		鱼类栖息地生态破坏（d_3）
		鸟类栖息地生态破坏（d_4）
		水污染发生概率（d_5）
		泥沙变化程度（d_6）
	植被因素（S_2）	植被高度（d_7）
		植被密度（d_8）
		植被生长期缺水程度（d_9）
		全年生态缺水程度（d_{10}）

续表

一级指标	二级指标	三级指标
生态系统价值损失（F）	水文控制因素（S_3）	水资源取用程度（d_{11}） 来水量（d_{12}） 应急管控能力（d_{13}）

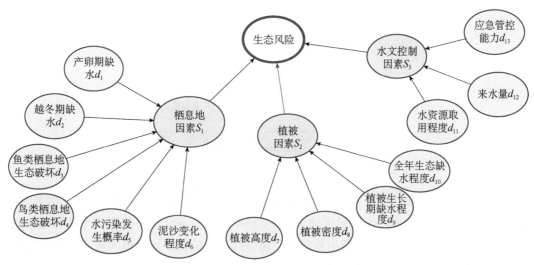

图 9-8　缺水生态风险评估贝叶斯网络结构

生态风险、栖息地因素、植被因素、水文控制因素节点的状态：{0，1}；0 和 1 分别表示不发生和发生；其他节点需根据数据分布情况通过专家咨询和公共参与等方式来确定，数据主要来源于模型运行结果和监测数据等。

由于植物不同生长期对水分的敏感性不同，针对植被不同生长阶段水量不足造成的产量损失差异，将 Pang 等（2013）改进的 D-K 模型应用于估算缺水条件下的植被净初级生产力损失量。具体计算模型如下：

$$1 - \frac{q_k^j}{q_{km}^j} = k_{ky}\left(1 - \frac{\mathrm{ET}_{ka}}{\mathrm{ET}_{kj}}\right) \tag{9-32}$$

式中，j 为植物类型；q_k^j 为植物的净初级生产力（g/m²）；q_{km}^j 为无水分胁迫下植被 NPP（t/hm²）；k_{ky} 为植被 NPP 响应系数；ET_{ka} 为植被实际蒸散发或实际耗水量（mm）；ET_{kj} 为植被潜在蒸散发（mm）。

可得出 k 阶段产量损失评价模型：

$$q_{ks}^j = k_{ky}q_{km}^j\left(\frac{\mathrm{ET}_{kj} - \mathrm{ET}_{ka}}{\mathrm{ET}_{kj}}\right) = k_{ky}q_{km}^j\left(\frac{\mathrm{ET}_{ks}}{\mathrm{ET}_{kj}}\right) \tag{9-33}$$

式中，q_{ks}^j 为植物 j 在 k 阶段在水分胁迫下的产量损失。

陕西黄河湿地芦苇在不同水分条件下各部分的生物量有所区别，芦苇的平均高度介于 1.8～2.3 m，群落盖度在 70%～90%（袁云香，2019）。由图 9-9 可知，曲线越陡表示水分亏缺对干物质积累的影响越大，芦苇拔节孕穗期对水分的需求强度最大，其次是出芽展叶期，开花成熟期需求强度最小（王立业等，2013）。不同需水时期植被生态需水缺失会降低植被高度和密度，同时也会使得植被固碳释氧能力下降。因此，植被生长期缺水程度（d_9）较全年生态缺水程度（d_{10}）对植被因素的影响大，即概率值较大。

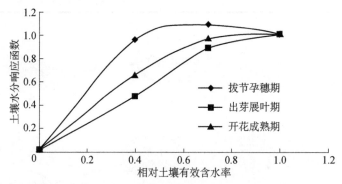

图 9-9   不同阶段土壤水分响应函数（王立业等，2013）

由于黄河水量的统一调度，三种情景下来水量一致，发生风险概率值也一致，均为 50%；而水资源取用程度增加导致生态需水缺失，过度的取用水资源状况会随着黄河水量生态调度管理能力的增强而减少，水资源取用程度和应急管控能力的发生风险概率随缺水程度的增加而减小，这与黄河水资源的联合调度能力相关。

本节同时通过咨询不同的专家意见确定了各个证据节点的发生概率，但是专家在描述时大多采用"不可能的、可能的、不确定的和确定的"等口头化的量词，未给出具体的概率值。因此，在咨询专家意见的基础上，基于 Witteman 和 Renooij（2003）建立的口头量词和实际的概率数值相对应的概率标杆（图 9-10），最终确定证据节点发生概率等级，见表 9-7。

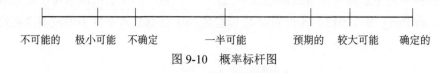

图 9-10   概率标杆图

表 9-7   生态风险评估指标概率

一级指标	二级指标	三级指标	情景一	情景二	情景三
生态系统价值损失（F）	栖息地因素（S_1）	产卵期缺水（d_1）	0.83	0.62	0.40
		越冬期缺水（d_2）	0.57	0.42	0.20
		鱼类栖息地生态破坏（d_3）	0.70	0.52	0.30
		鸟类栖息地生态破坏（d_4）	0.69	0.52	0.30
		水污染发生概率（d_5）	0.90	0.70	0.50
		泥沙变化程度（d_6）	0.61	0.50	0.35
	植被因素（S_2）	植被高度（d_7）	0.78	0.60	0.46
		植被密度（d_8）	0.76	0.59	0.46

续表

一级指标	二级指标	三级指标	情景一	情景二	情景三
生态系统价值损失（F）	植被因素（S_2）	植被生长期缺水程度（d_9）	0.68	0.50	0.36
		全年生态缺水程度（d_{10}）	0.53	0.35	0.20
	水文控制因素（S_3）	水资源取用程度（d_{11}）	0.40	0.30	0.20
		来水量（d_{12}）	0.50	0.50	0.50
		应急管控能力（d_{13}）	0.61	0.50	0.35

9.5.2　缺水生态风险分析

将证据节点概率输入建立的 BN，并进行更新和推理计算，从而得到 3 种情景节点的生态风险发生概率分别为：86%（情景一）、58%（情景二）和 23%（情景三），对应的生态风险等级为：非常高、高和低，如图 9-11 所示。

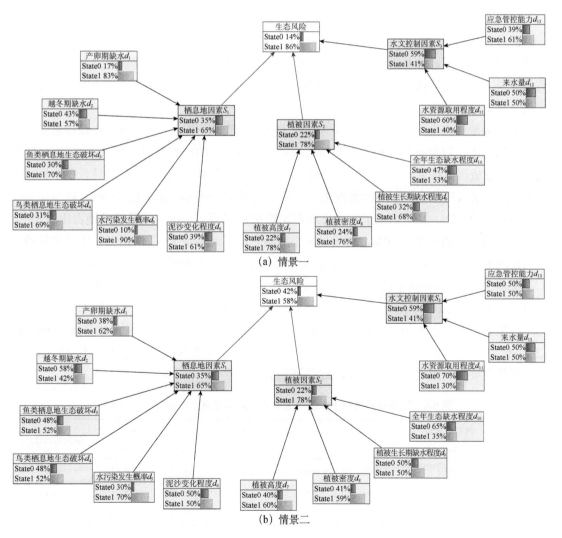

(a) 情景一

(b) 情景二

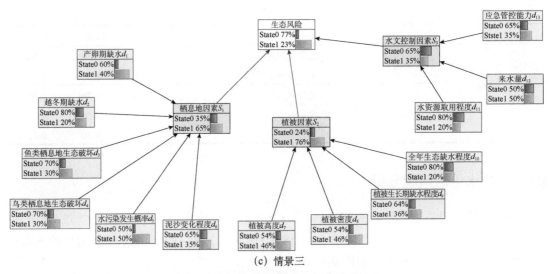

(c) 情景三

图 9-11   不同情景下的生态风险评估结果

此外，本节通过对贝叶斯网络的反向诊断推理，将风险发生转态概率设为100%，对栖息地因素、植被因素和水文控制因素的后验概率进行分析，发现植被因素对生态风险发生的贡献度最大，其次是栖息地因素、水文控制因素。该发现将为黄河流域的生态风险有效管理提供重要的科学基础信息。

沿河湿地生态需水的缺少量不同对湿地生态系统带来不同程度的影响，在保持总的斑块不变的情况下，根据不同土地利用类型数据对栖息地质量的影响权重数据（表9-2）分析发现，缺水造成湿地栖息地适宜度不断降低，高质量的栖息地甚至消失，从而导致整个栖息地质量下降，造成生态系统服务价值损失。情景一，中等质量栖息地占比约55%，较高质量的栖息地占比约31%，高质量水平的栖息地占比约9%。情景二，中等质量栖息地占比约65%，较高质量的栖息地占比约20%，高质量水平的栖息地占比不足8%。情景三，中等质量栖息地占比约60%，较高质量的栖息地占比约15%，高质量水平的栖息地占比不足5%。

根据9.5.1节指标概率的确定，不同缺水情景下黄河中游典型区沿河湿地生态系统服务价值见表9-8。以2015年为基准年，生态系统服务价值为24.39亿元，3种缺水情景下，湿地生态服务价值分别为19.55亿元、16.38亿元和12.94亿元，价值损失量占比分别为19.8%、32.8%和46.9%。因此，缺水对生物栖息地影响较大，价值损失量大。由于生态系统的土壤保持服务主要影响因素为地形坡度，故受到缺水影响较小，可忽略。

表 9-8   不同缺水情景下黄河中游典型区沿河湿地生态系统服务价值

情景	栖息地质量/亿元	土壤保持/亿元	固碳释氧/亿元	水文调节/亿元	总价值量/亿元	损失量/亿元	损失量占比/%
情景一	14.93	0.49	1.04	3.09	19.55	4.83	19.8
情景二	13.07	0.49	0.89	1.93	16.38	8.01	32.8
情景三	11.20	0.49	0.48	0.77	12.94	11.44	46.9

9.5.3　对生态需水配置的决策建议

保障沿河湿地生态需水有利于维护湿地生态系统的平衡，实现湿地生态系统的健康发展，但在水资源紧张的黄河中游地区，很难在满足上游用水（两岸取用水、水库发电等）的同时满足适宜的生态需水，不同缺水情景下的湿地生态风险评估可以帮助人们了解缺水对生态系统服务价值的影响，深化对缺水风险机制的理解，这对于促进生态保护和社会经济活动的可持续发展具有重要意义。

1. 将生态需水短缺造成的服务价值损失纳入黄河水量调度管理决策

在黄河水量调度过程中，需要在考虑不同生态目标下生态需水（量、流量过程）的同时，兼顾生态需水得不到及时满足的生态系统价值损失，力求在竞争性用水条件下，能够维持生态系统的健康，保证生态系统的价值量。当生态需水缺少 50%，生态系统服务价值损失发生的风险较高时，应当及时采取科学的调控措施，调整上游水库（万家寨）下泄水量，合理配置各种用水类型，减小生态系统服务价值损失，实现生态保护和经济发展的协同发展。

2. 建立完善的生态补偿机制

就目前的发展阶段而言，虽然通过黄河全河水量统一调度、节约用水等措施提高了黄河水资源的利用效率，但生态用水和经济用水仍存在一定的矛盾。在生态需水满足的情形下，湿地将产生巨大的生态系统服务价值；由其他用水而引起的生态需水缺失，会引起生态系统服务价值的损失，这一损失可由黄河中游其他用水需求区根据市场价格对湿地保护区进行合理经济补偿。通过生态补偿，一方面，可以缩小地区间发展差距；另一方面，可以激发和提高人们对生态系统保护的主动性和积极性，从而达到良性循环。

3. 划定生态红线，实施分区管控

自黄河流域退耕还林和水土保持工程实施以来，黄河中游水沙条件发生了变化，并随着经济快速增长和城市扩张，侵占了大量的生态用地和农业用地，使得湿地生态系统脆弱性加剧。为防止湿地生态系统服务功能的退化，要严格按照湿地自然保护区划的核心区、缓冲区和试验区的生态保护要求，并配合黄河中游湿地的四级网格体系（一级网格——市级，二级网格——沿黄各县市，三级网格——辖区各镇、办，四级网格——村、驻湿地各单位等）的精细管理制度，分别在湿地核心区入口处、出口处及各片区重要控制断面开展水位监测，构建湿地水位实时监测系统，基于生态水位要求划定生态红线，根据水位监测数据动态调整补水量和补水时段，实施比较严格的生态用水配置管理政策，切实保护湿地生态系统。

9.6　讨论与小结

9.6.1　讨论

生态系统服务的评估指标众多，生态系统服务价值量反映自然社会属性变化，生态系统服务价值量的变化由自身特点决定。随着黄河中游湿地生态旅游收入的增加以及湿地自然保护区保护的精细化，生态系统服务价值总量体现了其社会经济属性，其中，水文调节服务受到了自然因素和人为因素的双重影响（彭佳宾等，2020）。过多或过少的水量均不利于水生植物的生长，从而影响其生态系统服务（仲启铖等，2014）。因此，本章选取固碳释氧、土壤保持、水文调节和生境质量作为生态系统服务评估对象，评估了黄河中游湿地的生态系统服务物质量和价值量。本章关于各种生态系统服务的评估结果与其他相关成果虽存在一定的差异，但是，整体上与相关研究结果较为接近（耿甜伟等，2020）。

生态风险评价是评价自然灾害、人为干扰等风险源对生态系统及其组分造成不利影响的可能性及其危害程度的复杂的动态变化过程。有的学者将生物多样性测量作为生态风险评价的关键测量终点，以支持风险和服务损失之间的转换。目前湿地生态维护的方法可以通过以货币形式评估生态风险来支持对湿地破坏的生态补偿支付的计算来改进。本章依据生态水量（水位）不能满足的情况，通过量化生态服务价值损失量来表征缺水的生态风险，可为湿地管理者和决策者提供科学信息。

9.6.2　小结

从不同生态系统服务的价值量看，生境质量是研究区生态系统服务的核心功能。2000～2015 年，总的 ESV 呈现出先下降后上升，研究期末生态系统服务价值高于初期的总体特征，其中，生境质量和土壤保持价值呈下降趋势。

保障黄河中游不同类型的生态需水，有利于维护生态系统的平衡，实现生态系统的健康发展。目前，由于黄河上游的发电需求、水库调度及滩地土地利用方式变化等，湿地的生态需水往往不能及时得到满足，湿地生态系统健康存在一定的风险。本章依据生态水量（水位）不能满足的情况，通过量化生态服务价值损失量来表征缺水的生态风险。

在不同生态缺水条件下，湿地生态系统服务价值的损失风险（生态风险）具有差异性：①轻度缺水，生态需水量缺少 20%，湿地生态系统服务价值损失量为 4.83 亿元，15 年下降约 19.8%，事件发生概率为 86%。②中度缺水，生态需水量缺少 50%，湿地生态系统服务价值损失量为 8.01 亿元，下降约 32.9%，事件发生概率为 58%。③严重缺水，生态需水量缺少80%，湿地生态系统服务价值损失量为 11.44 亿元，下降约 46.9%，事件发生概率为 23%。通过综合考虑生态需水配置对湿地生态系统的影响，为黄河水量调度的多目标权衡提供决策基础信息。

阳及太原为例[J]. 应用生态学报，32（1）：261-270.

周林飞，许士国，李青山，等. 2007.扎龙湿地生态环境需水量安全阈值的研究[J]. 水利学报，38（7）：845-851.

周维博，李跃鹏，王世岩，等. 2015. 三门峡库区湿地生态需水量估算[J]. 南水北调与水利科技，13（5）：877-882.

Allen R G，Pereira L S，Raes D，et al. 1998. Crop Evapotranspiration. Guidelines for Computing Crop Water Requirements [M]. FAO Irrigation and Drainage：56.

Amici V，Rocchini D，Filibeck G，et al. 2015. Landscape structure effects on forest plant diversity at local scale：Exploring the role of spatial extent [J]. Ecological Complexity，21：44-52.

Ardisson P L，Bourget E. 1997. A study of the relationship between freshwater runoff and benthos abundance：A scale-oriented approach [J]. Estuarine，Coastal and Shelf Science，45（4）：535-545.

Arthington A H，Bhaduri A，Bunn S E，et al. 2018. The Brisbane declaration and global action agenda on environmental flows [J]. Frontiers in Environmental Science，6：45.

Bai J H，Cui B S，Chen B，et al. 2011. Spatial distribution and ecological risk assessment of heavy metals in surface sediments from a typical plateau lake wetland，China [J]. Ecological Modelling，222（2）：301-306.

Baird A J，Wilby R L. 1999. Eco-hydrology [M]. London：Psychology Press.

Baumgartner L J，Conallin J，Wooden I，et al. 2014. Using flow guilds of freshwater fish in an adaptive management framework to simplify environmental flow delivery for semi-arid riverine systems [J]. Fish and Fisheries，15（3）：410-427.

Beer D L. 2018. Teaching and learning ecosystem assessment and valuation [J]. Ecological Economics，146：425-434.

Bennett E M，Peterson G D，Gordon L J. 2009. Understanding relationships among multiple ecosystem services [J]. Ecology Letters，12（12）：1394-1404.

Bovee K D. 1996. A Comprehensive Overview of the Instream Flow Incremental Methodology [M]. Virginia：National Biological Service，Fort Collins Corporation.

Brown E D，Williams B K. 2016. Ecological integrity assessment as a metric of biodiversity：Are we measuring what we say we are? [J]. Biodiversity Conservation，25（6）：1011-1035.

Buendia C，Batalla R J，Sabater S，et al. 2016. Runoff trends driven by climate and afforestation in a pyrenean basin [J]. Land Degradation and Development，27（3）：823-838.

Bunn S E，Arthington A H. 2002. Basic principles and ecological consequences of altered flow regimes for aquatic biodiversity [J]. Environmental Management，30（4）：492-507.

Chang H，Bonnette M R. 2016. Climate change and water-related ecosystem services：Impacts of drought in California，USA [J]. Ecosystem Health and Sustainability，2（12）：e01254.

Chen Y H，Mossa J，Singh K K. 2020. Floodplain response to varied flows in a large coastal plain river [J]. Geomorphology，354：107035.

Cui B L，Li X Y. 2011. Coastline change of the Yellow River estuary and its response to the sediment and runoff（1976—2005）[J]. Geomorphology，127（1）：32-40.

Deb P，Kiem A S，Willgoose G. 2019a. A linked surface water-groundwater modelling approach to more realistically simulate rainfall-runoff non-stationarity in semi-arid regions [J]. Journal of Hydrology，575：273-291.

Deb P，Kiem A S，Willgoose G. 2019b. Mechanisms influencing non-stationarity in rainfall-runoff relationships in southeast Australia [J]. Journal of Hydrology，571：749-764.

Deng L，Shangguan Z P，Sweeney S. 2014. "Grain for Green" driven land use change and carbon sequestration on the Loess Plateau，China [J]. Scientific Reports，4：7039.

Dennison P E，Brewer S C，Arnold J D，et al. 2014. Large wildfire trends in the western United States，1984—2011 [J]. Geophysical Research Letters，41（8）：2928-2933.

Ding C. 2003. Land policy reform in China：Assessment and prospects [J]. Land Use Policy，20（2）：109-120.

Doguc O，Ramirez-Marquez J E. 2017. A generic method for estimating system reliability using Bayesian networks [J]. Reliability Engineering and System Safety，94（2）：542-550.

Eamus D，Hatton T，Cook P. et al. 2006. Ecohydrology：Vegetation Function，Water and Resource Management [M]. Canberra：CSIRO Publishing.

Faber J H，Wensem J V. 2012. Elaborations on the use of the ecosystem services concept for application in ecological risk assessment for soils [J]. Science of the Total Environment，415：3-8.

Fang Q，Wang G，Liu T，et al. 2018. Controls of carbon flux in a semi-arid grassland ecosystem experiencing wetland loss：vegetation patterns and environmental variables [J]. Agricultural and Forest Meteorology，259：196-210.

Farley K A，Jobbagy E G，Jackson R B. 2005. Effects of afforestation on water yield：A global synthesis with implications for policy [J]. Global Change Biology，11（10）：1565-1576.

Feng K，Siu Y L，Guan D，et al. 2012. Assessing regional virtual water flows and water footprints in the Yellow River Basin，China：A consumption-based approach [J]. Applied Geography，32（2）：691-701.

Finlayson M，Cruz R D，Davidson N，et al. 2005. Millennium ecosystem assessment：ecosystems and human well-being：Wetlands and water synthesis [J]. Data Fusion Concepts and Ideas，656（1）：87-98.

Forman R T，Godron M. 1981. Patches and structural components for a landscape ecology [J]. BioScience，31（10）：733-740.

Fu B，Chen L. 2000. Agricultural landscape spatial pattern analysis in the semi-arid hill area of the Loess Plateau，China [J]. Journal of Arid Environments，44（3）：291-303.

Fu G，Chen S，Liu C，et al. 2004. Hydro-climatic trends of the Yellow River basin for the last 50 years [J]. Climatic Change，65（1）：149-178.

Gao P，Deng J，Chai X，et al. 2017. Dynamic sediment discharge in the Hekou-Longmen region of Yellow River and soil and water conservation implications [J]. Science of the Total Environment，578：56-66.

Gerten D，Schaphoff S，Haberlandt U，et al. 2004. Terrestrial vegetation and water balance hydrological evaluation of a dynamic global vegetation model [J]. Journal of Hydrology，286（1-4）：260-270.

Gleick P H. 2004. The World's Water 2004—2005：The Biennial Report on Freshwater Resources [M]. Washington，DC：Island Press.

Glenn E P，Nagler P L，Shafroth P B，et al. 2017. Effectiveness of environmental flows for riparian restoration in arid regions：A tale of four rivers [J]. Ecological Engineering，106：695-703.

Glenn E P，Tanner R，Mendez S，et al. 1998. Growth rates，salt tolerance and water use characteristics of native and invasive riparian plants from the delta of the Colorado River，Mexico [J]. Journal of Arid Environments，40：281-294.

Graham N T，Hejazi M I，Chen M，et al. 2020. Humans drive future water scarcity changes across all Shared Socioeconomic Pathways [J]. Environmental Research Letters，15：014007.

Groeneveld D P. 2008. Remotely-sensed groundwater evapotranspiration from alkali scrub affected by declining water table [J]. Journal of Hydrology，358（3）：294-303.

Groot R S D，Alkemade R，Braat L，et al. 2010. Challenges in integrating the concept of ecosystem services and values in landscape planning，management and decision making [J]. Ecological Complexity，7（3）：260-272.

Gudmundsson L，Boulange J，Do H X，et al. 2021. Globally observed trends in mean and extreme river flow attributed to climate change[J]. Science，371：1159-1162.

Haines-Young R，Potschin M. 2010. The links between biodiversity，ecosystem services and human well-being//Raffaelli D，Frid C. Ecosystem Ecology: A New Synthesis. Cambridge: Cambridge University Press.

Hamed K H. 2008. Trend detection in hydrologic data: The Mann-Kendall trend test under the scaling hypothesis [J]. Journal of Hydrology，349（3-4）：350-363.

Hayes D S，Brändle J M，Seliger C，et al. 2018. Advancing towards functional environmental flows for temperate floodplain rivers [J]. Science of the Total Environment，633：1089-1104.

Hughes D A. 2001. Providing hydrological information and data analysis tools for the determination of ecological instream flow requirements for South African rivers [J]. Journal of Hydrology，241：140-151.

Jaeger W K，Plantinga A J，Chang H，et al. 2013. Toward a formal definition of water scarcity in natural-human systems [J]. Water Resources Research，49（7）：4506-4517.

Kang P，Chen W P，Hou Y，et al. 2018. Linking ecosystem services and ecosystem health to ecological risk assessment: A case study of the Beijing-Tianjin-Hebei urban agglomeration[J]. Science of the Total Environment，636：1442-1454.

Kendall M G. 1970. Rank Correlation Methods [M]. London: Griffin.

Kendy E，Flessa K W，Schlatter K J，et al. 2017. Leveraging environmental flows to reform water management policy: Lessons learned from the 2014 Colorado River Delta pulse flow [J]. Ecological Engineering，106：683-694.

Kim H C，Montagna P A. 2009. Implications of Colorado River（Texas，USA）freshwater inflow to benthic ecosystem dynamics: A modeling study [J]. Estuarine，Coastal and Shelf Science，83（4）：491-504.

Kundzewicz Z W，Somlyódy L. 1997. Climatic change impact on water resources in a systems perspective [J]. Water Resources Management，11（6）：407-435.

Kusi K K，Khattabi A，Mhammdi N，et al. 2020. Prospective evaluation of the impact of land use change on ecosystem services in the Ourika watershed，Morocco [J]. Land Use Policy，97：104796.

Lawrie R A，Stretch D D. 2012. Occurrence and persistence of water level/salinity states and the ecological impacts for St Lucia estuarine lake，South Africa [J]. Estuarine Coastal and Shelf Science，95（1）：67-76.

Li T，Huang X，Jiang X，et al. 2015. Assessment of ecosystem health of the Yellow River with fish index of biotic integrity [J]. Hydrobiologia，814（1）：31-43.

Lin D Y，Liu F Y，Zhang J P，et al. 2021. Research progress on ecological risk assessment based on multifunctional landscape [J]. Journal of Resources and Ecology，12（2）：260-267.

Liu B Y，Nearing M A，Risse L M. 1994. Slope gradient effects on soil loss for steep slopes [J]. Transactions of the ASAE，37（6）：1835-1840.

Liu C，Xia J. 2004. Water problems and hydrological research in the Yellow River and the Huai and Hai River basins of China [J]. Hydrological Processes，18（12）：2197-2210.

Liu Q，Cui B S. 2011. Impacts of climate change/variability on the streamflow in the Yellow River Basin，China

[J]. Ecological Modelling, 222 (2): 268-274.

Lu N, Fu B, Jin T, et al. 2014. Trade-off analyses of multiple ecosystem services by plantations along a precipitation gradient across Loess Plateau landscapes [J]. Landscape Ecology, 29 (10): 1697-1708.

Ma Z Z, Wang Z J, Xia T, et al. 2014. Hydrograph-based hydrologic alteration assessment and its application to the Yellow River [J]. Journal of Environmental Informatics, 23 (1): 1-13.

Mathews R, Richter B D. 2007. Application of the indicators of hydrologic alteration software in environmental flow setting [J]. Journal of the American Water Resources Association, 43 (6): 1400-1413.

Mayer T D, Thomasson R. 2004. Fall water requirements for seasonal diked wetlands at lower Klamath National Wildlife Refuge [J]. Wetlands, 24: 92-103.

Meitzen K M, Kupfer J A, Gao P. 2018. Modeling hydrologic connectivity and virtual fish movement across a large Southeastern floodplain, USA [J]. Aquatic Sciences, 80 (1): 5.

Natale E, Zalba S M, Oggero A, et al. 2010. Establishment of Tamarix ramosissima under different conditions of salinity and water availability: Implications for its management as an invasive species [J]. Journal of Arid Environments, 74: 1399-1407.

Nikghalb S, Shokoohi A, Singh V P, et al. 2016. Ecological regime versus minimum environmental flow: comparison of results for a river in a Semi Mediterranean Region [J]. Water Resources Management, 30 (13): 4969-4984.

Norris R H, Thoms M C. 1999. What is river health? [J]. Freshwater Biology, 41 (2): 197-209.

Norris R H, Hawkins C P. 2000. Monitoring river health [J]. Hydrobiology, 435 (1-3): 5-17.

Ouyang Z Y, Zheng H, Xiao Y, et al. 2016. Improvements in ecosystem services from investments in natural capital [J]. Science, 352 (6292): 1455-1459.

Pander J, Mueller M, Geist J. 2018. Habitat diversity and connectivity govern the conservation value of restored aquatic floodplain habitats [J]. Biological Conservation, 217: 1-10.

Pang A P, Sun T, Yang Z F. 2013. Economic compensation for irrigation processes to safeguard environmental flows in the Yellow River Estuary, China [J]. Journal of Hydrology, 482 (4): 129-138.

Pascual U, Balvanera P, Díaz S, et al. 2017. Valuing nature's contributions to people: The IPBES approach [J]. Current Opinion in Environmental Sustainability, 26-27: 7-16.

Pitt J, Kendy E. 2017. Shaping the 2014 Colorado River Delta pulse flow: Rapid environmental flow design for ecological outcomes and scientific learning [J]. Ecological Engineering, 106: 704-714.

Poff L R, Matthews J H. 2013. Environmental flows in the Anthropocene: past progress and future prospects [J]. Current Opinion in Environmental Sustainability, 5 (6): 667-675.

Poff N L. 2018. Beyond the natural flow regime? Broadening the hydro-ecological foundation to meet environmental flows challenges in a non-stationary world [J]. Freshwater Biology, 63 (8): 1011-1021.

Poff N L, Allan J D, Bain M B, et al. 1997. The natural flow regime: A paradigm for river conservation and restoration [J]. BioScience, 47 (11): 769-784.

Postel S L. 2000. Entering an era of water scarcity: The challenges ahead [J]. Ecological Applications, 10 (4): 941-948.

Postel S L, Daily G C, Ehrlich P R. 1996. Human appropriation of renewable fresh water [J]. Science, 271 (5250): 785-788.

Potter C S, Randerson J T, Field C B, et al. 1993. Terrestrial ecosystem production: A process model based on global satellite and surface data [J]. Global Biogeochemical Cycles，7（4）：811-841.

Qin Y，Yang Z F，Yang W. 2011. Ecological risk assessment for water scarcity in China's Yellow River Delta Wetland [J]. Stochastic Environmental Research and Risk Assessment，25：697-711.

Rahman A，Dawood M. 2017. Spatio-statistical analysis of temperature fluctuation using Mann-Kendall and Sen's slope approach [J]. Climate Dynamics，48（3-4）：783-797.

Richter B D. 1997. How much water does a river need? [J]. Freshwater Biology，32（2）：231-246.

Rolls R J，Bond N R. 2017. Environmental and ecological effects of flow alteration in surface water ecosystems [M]. New York：Academic Press.

Seddon A W R，Macias-Fauria M，Long P R，et al. 2016. Sensitivity of global terrestrial ecosystems to climate variability [J]. Nature，531：229-232.

Tanner M K，Moity N，Costa M T，et al. 2019. Mangroves in the Galapagos：ecosystem services and their valuation [J]. Ecological Economics，160：12-24.

Tennant D L. 1976. Instream flow regimens for fish，wildlife，recreation and related environmental resources [J]. Fisheries，1（4）：359-373.

Tharme R. 2003. A global perspective on environmental flow assessment：Emerging trends in the development and application of environmental flow methodologies [J]. River Research and Applications，19：397-441.

The Economics of the Ecosystems and Biodiversity（TEEB）. 2010. The Economics of Ecosystems and Biodiversity：Ecological and Economic Foundations [M]. London：Earthscan.

Thomsen M，Faber J H，Sorensen P B. 2012. Soil ecosystem health and services：evaluation of ecological indicators susceptible to chemical stressors[J]. Ecological Indicators，16：67-75.

Turner M G，Gardner R H. 1991. Quantitative Methods in Landscape Ecology [M]. New York：Springer.

Virkki V，Alanärä E，Porkka M，et al. 2021. Environmental flow envelopes：Quantifying global，ecosystem‐threatening streamflow alterations [J]. Hydrology and Earth System Sciences. DOI：10.5194/hess-2021-260.

Wang H，Bi N，Saito Y，et al. 2010. Recent changes in sediment delivery by the Huanghe（Yellow River）to the sea：causes and environmental implications in its estuary [J]. Journal of Hydrology，391（3-4）：302-313.

Wang H，Wang H，Hao Z，et al. 2018. Multi-objective assessment of the ecological flow requirement in the Upper Yangtze National Nature Reserve in China using PHABSIM [J]. Water，10（3）：326.

Wang L L，Yang Z F，Niu J F，et al. 2009. Characterization，ecological risk assessment and source diagnostics of polycyclic aromatic hydrocarbons in water column of the Yellow River Delta，one of the most plenty biodiversity zones in the world [J]. Journal of Hazardous Materials，169（1-3）：460-465.

Wang P，Shen Y，Wang C，et al. 2017. An improved habitat model to evaluate the impact of water conservancy projects on Chinese sturgeon（*Acipenser sinensis*）spawning sites in the Yangtze River，China [J]. Ecological Engineering，104：165-176.

Wang Y，Shao M，Zhu Y，et al. 2011. Impacts of land use and plant characteristics on dried soil layers in different climatic regions on the Loess Plateau of China [J]. Agricultural and Forest Meteorology，151（4）：437-448.

Wayne R M J，Roger C H，William J A，et al. 2009. Translating ecological risk to ecosystem service loss [J]. Integrated Environmental Assessment and Management，5（4）：500-514.

Westra S，Alexander L V，Zwiers F W. 2013. Global increasing trends in annual maximum daily precipitation[J]. Journal of Climate，26（11）：3904-3918.

Witteman C，Renooij S. 2003. Evaluation of a verbal-numerical probability scale [J]. International Journal of

Approximate Reasoning, 33 (2): 117-131.

Wu M, Chen A. 2017. Practice on ecological flow and adaptive management of hydropower engineering projects in China from 2001 to 2015 [J]. Water Policy, 20 (2): 336-354.

Wurbs R A, Hoffpauir R J. 2017. Environmental flow requirements in a water availability modeling system [J]. Sustainability of Water Quality and Ecology, (9-10): 9-21.

Yang T, Zhang Q, Chen Y D, et al. 2008. A spatial assessment of hydrologic alteration caused by dam construction in the middle and lower Yellow River, China [J]. Hydrological Process, 22: 3829-3843.

Yang Z F, Qin Y, Yang W. 2013. Assessing and classifying plant-related ecological risk under water management scenarios in China's Yellow River Delta Wetlands [J]. Journal of Environmental Management, 130: 276-287.

Zhao C S, Zhang C B, Yang S T, et al. 2017. Calculating e-flow using UAV and ground monitoring [J]. Journal of Hydrology, 552: 351-365.

Zhao F, Li H, Li C H, et al. 2019. Analyzing the influence of landscape pattern change on ecological water requirements in an arid/semiarid region of China [J]. Journal of Hydrology, 578: 124098.

Zhu Z, Piao S, Myneni R B, et al. 2016. Greening of the Earth and its drivers [J]. Nature Climate Change, 6: 791-795.

附　　录

EWRs	ecological water requirements	生态需水
GGP	grain for green project	退耕还林/还草工程
PD	patch density	斑块密度
COHESION	connectivity index	连通度指数
LPI	largest patch index	最大斑块指数
AI	aggregation index	聚集度指数
SHDI	Shannon's diversity index	香农多样性指数
CONTAG	contagion index	蔓延度指数
SPLIT	splitting index	分离度指数
LSI	landscape shape index	景观形状指数
NPP	net primary production	净初级生产力
ESV	ecosystem service value	生态系统服务价值
ERA	ecological risk assessment	生态风险评价
InVEST	integrated valuation of ecosystem services and trade-offs	生态系统服务和权衡的综合评估
BN	Bayesian network	贝叶斯网络